ZnO基气敏材料的调控制备及其气体传感应用

郭威威　陆伟丽◎著

重庆大学出版社

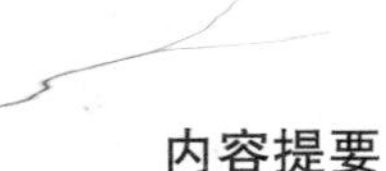

内容提要

氧化锌(ZnO)是一种重要的N型半导体金属氧化物,具有物理化学性质稳定、无毒无害、价格低廉等优点,在气体传感器方面有广泛的用途。ZnO可用来检测很多具有氧化性或者还原性的有机气体,但普通ZnO气敏材料存在灵敏度低、工作温度高、选择性差等缺点。本书基于ZnO气敏材料的最新研究进展,系统介绍了ZnO的基本性质与气体传感应用、ZnO微纳米结构的调控合成及气敏性能研究、ZnO的元素掺杂改性及气敏性能增强机制、ZnO异质复合材料的制备及气敏性能研究。本书每章都将制备的ZnO气敏材料制成气体传感器,然后对其灵敏度、响应恢复时间、稳定性、选择性及抗湿性等进行研究,得到了一些有意义的结果,使读者能在阅读本书的基础上,利用相关方法开展科学研究工作。

图书在版编目(CIP)数据

ZnO基气敏材料的调控制备及其气体传感应用 / 郭威威,陆伟丽著. --重庆 : 重庆大学出版社,2021.11
ISBN 978-7-5689-3010-9

Ⅰ.①Z… Ⅱ.①郭…②陆… Ⅲ.①氧化锌—气敏材料—应用—气体—传感器—研究 Ⅳ.①TP212

中国版本图书馆CIP数据核字(2021)第249667号

ZnO基气敏材料的调控制备及其气体传感应用

ZnO JI QIMIN CAILIAO DE TIAOKONG ZHIBEI JI QI QITI CHUANGAN YINGYONG

郭威威 陆伟丽 著

策划编辑:杨粮菊

责任编辑:杨育彪 版式设计:杨粮菊

责任校对:夏 宇 责任印制:张 策

*

重庆大学出版社出版发行

出版人:饶帮华

社址:重庆市沙坪坝区大学城西路21号

邮编:401331

电话:(023)88617190 88617185(中小学)

传真:(023)88617186 88617166

网址:http://www.cqup.com.cn

邮箱:fxk@cqup.com.cn(营销中心)

全国新华书店经销

重庆华林天美印务有限公司印刷

*

开本:720mm×1020mm 1/16 印张:10.75 字数:190千

2021年11月第1版 2021年11月第1次印刷

ISBN 978-7-5689-3010-9 定价:68.00元

前言

随着石油化学工业的发展，易燃易爆、有毒有害气体的种类增多，应用范围扩大。这些气体在生产、储运、使用过程中一旦发生泄漏，将会引发中毒、火灾甚至爆炸事故。及时可靠地监测空气中的危险气体并提前进行预警，减少气体泄漏引发的事故，是避免造成重大财产损失和人员伤亡的必要条件。气体传感器凭借能有效监测环境中的易燃易爆、有毒有害气体成为该领域的研究热点。将气体传感器安装在易燃易爆、有毒有害气体的生产、储运、使用等场所，及时监测气体含量，及早发现泄漏事故，让气体传感器与保护系统联动，使保护系统在气体达到爆炸极限前运作，从而将事故损失控制到最低。

半导体金属氧化物气体传感器具有小巧实用、响应迅速、性能稳定、成本低廉、使用便捷等特点，是目前应用非常广泛的气体传感器。氧化锌（ZnO）是一种重要的N型半导体金属氧化物，具有物理化学性质稳定、无毒无害、价格低廉等优点，是目前用于实验研究及商业应用的主要半导体金属氧化物气体敏感材料。ZnO可用来检测很多具有氧化性或者还原性的有机气体，但在实际应用中被检测气体的浓度值普遍较低，普通ZnO颗粒对微量气体的检测存在着灵敏度低、选择性差、工作温度较高、稳定性差等缺点。

ZnO属于表面吸附控制型机制的气体敏感材料，它的工作原理是通过被吸附的目标气体分子与材料表面的化学吸附氧之间的反应引起器件电阻的变化。因此，ZnO 气体敏感材料的微观形貌、表面改性及结构组成对传感器的气敏性能有直接影响。为了改善 ZnO 的气敏性能，目前的方法主要有：①对 ZnO 的形貌结构进行调控，即生成分层、空心、多孔结构；②对 ZnO 进行掺杂、改性、表面修饰等技术处理，以提高气敏元件的电导率，还可以提高稳定性和选择性；③与其他材料构建异质结，从而通过总电阻和势垒高度来改善气敏性能。本书的主要读者为从事传感器相关研究的研究生及工程师。

目前，国内在气体传感器研究方面的科技图书较少，为了提升我国气体传感器的研究及应用水平，同时为广大科研人员及工程技术人员提供有益的参考。本书基于 ZnO 气敏材料的最新研究进展，并结合笔者最近几年开展的相关研究工作，系统介绍了改善 ZnO 基气体传感器气敏性能的方法及气敏性能增强机制。本书分为 4 章，第 1 章介绍了 ZnO 的晶体结构、基本性质、ZnO 基气体传感器的特征性能等；第 2 章阐述了 ZnO 微纳米结构的调控制备方法、生长机理及气敏性能研究；第 3 章介绍了 ZnO 的元素掺杂改性及气敏性能增强机制；第 4 章讲述了 ZnO 异质复合材料的制备及气敏性能研究。此外，本书每章都将制备的 ZnO 气敏材料制成气体传感器，然后对其灵敏度、响应恢复时间、稳定性、选择性及抗湿性等进行研究，得到了一些有意义的结果，使读者能在阅读本书的基础上，利用相关方法开展科学研究工作。

本书由重庆工商大学郭威威、陆伟丽编写，郭威威编写了第 2—4 章，并负责全书的统稿工作；陆伟丽编写了第 1 章，并负责本书的文字修改工作。此外，本书未能将所有参考文献一一列出，在此对所有参考文献的作者表示衷心的感谢。

由于作者水平有限，书中难免存在不足之处，恳请广大读者不吝赐教，批评指正。

编者

2021 年 4 月

目录

第 1 章 ZnO 的基本性质与气体传感应用

1.1 金属氧化物气体传感器

1.1.1 金属氧化物气体传感器的应用简介

随着社会经济和工业化的高速发展，大量的生活和工业废气，如氮氧化物（NO_x）、一氧化碳（CO）、二氧化硫（SO_2）和各种挥发性有机化合物（VOCs）被释放到环境中。大多数排放气体对人体和生态系统都有害，其中挥发性有机化合物被认为是最有害的大气污染物，它会造成环境污染（例如，雾、对流层光化学污染等）和多种疾病（例如，呼吸困难、神经疾病等）。这些化合物由苯（C_6H_6）、甲苯（$C_6H_5CH_3$）、甲醛（HCHO）、乙醇（C_2H_5OH）、丙酮（CH_3COCH_3）等组成，其来源包括室内装饰材料、室外工业废气、生活用品、建筑材料等。由于有毒有害气体会严重影响人类生活，因此人们急切希望避免与之直接接触，迫切需要对这些有毒有害气体进行监测。

气体传感器是传感器技术的一个重要分支，是能够感知环境中某种气体及其浓度的一种器件。它能将与气体种类和浓度有关的信息转换成电信号，从而可以对气体进行检测、监控、分析和报警。如将气体传感器安装在有毒有害气体的生产、储运、使用等场所中，并让气体传感器与保护系统联动，可及时检测气体浓度，及早发现有毒有害气体，从而保护环境和人类身体健康。因此，研究低成本、性能可靠、低功耗、高灵敏度和高稳定性的气体传感器是避免有毒有害和爆炸性气体引起危害的最有效选择。由于半导体金属氧化物的气体传感器价格便宜、制备工艺简单、携带方便、灵敏度高、性能稳定,因此是目前应用最为广泛的气体传感器。

1.1.2 金属氧化物的气敏机理

目前,对各种金属氧化物气敏材料的研究已经引起许多研究者的关注,但对气敏机理的认识还较为模糊,主要包括吸、脱附模型,晶界势垒模型,氧化还原模型,催化燃烧模型等。

(1)吸、脱附模型

吸、脱附模型是指利用待测气体在气敏材料上进行物理或化学吸、脱附,引起材料电阻等电学性质变化从而达到检测目的的模型。该模型建立较早,是认可度最高的气敏机理模型。通常情况下,材料对气体的物理和化学吸附是不可分离的,只是对不同材料起主导作用的吸附方式不同。物理吸、脱附模型是利用气体与敏感材料的物理吸、脱附进行检测的。

严百平等通过对 $MgCr_2O_4$-TiO_2湿敏陶瓷的机理进行微观研究表明,材料表面颗粒存在电子电导,产生这种电子电导的原因不是水的化学吸附,因为水的化学吸附在低温下是不可逆的,其化学反应式:

$$H_2O+2O^{2-}\longrightarrow 2OH^-+2e^- \tag{1.1.1}$$

反应生成的 OH^-不会在低温下还原成 H_2O。显然,湿敏材料表面电子电导产生的原因是物理吸附水。物理吸附水在湿敏材料表面是以弱氢键的形式吸附于表面 OH^-上,由于水分子的强极性,水分子的物理吸附等效于表面上吸附了电偶极子。物理吸附水是容易脱附的,水分子的吸附、脱附等效于表面电偶极子的偶极矩增大、减小。这种表面偶极矩的变化使表面能变化,表面与材料内部实现电子转移。

化学吸、脱附模型是利用气体在气敏材料上的化学吸、脱附进行检测的,这也是目前应用最广泛的气敏机理模型。电阻式半导体气体传感器用于气体检测时,在一定温度下,检测元件表面物理吸附的 O_2 转化为化学吸附的 O_2^-,O_2^{2-},O^{2-}等,形成空间电荷耗尽层,使材料导带中电子减少,表面势垒升高,元件电阻增大。研究表明:氧气被吸附的过程是一个放热过程,在室温下进行得很慢,当温度高于 200 ℃时,表面吸附氧以 $O^{2-}_{(ads)}$ 为主,其化学反应式:

$$O_{2(ads)}+e^-\longrightarrow O^-_{2(ads)} \tag{1.1.2}$$

$$O^-_{2(ads)}+e^-\longrightarrow O^{2-}_{(ads)} \tag{1.1.3}$$

$$O^{2-}_{2(ads)}+e^- \longrightarrow 2O^{2-}_{(ads)} \quad (1.1.4)$$

以乙醇的气敏机理来说，乙醇的催化氧化经历了脱氢、脱水和深度氧化过程，即乙醇的催化反应有两条路径，一条路径是先脱氢生成乙醛后再进一步氧化成二氧化碳和水，另一条路径就是乙醇首先脱水生成乙烯。其反应历程如下，乙醇气体接触材料表面时发生物理吸附：

$$C_2H_5OH(g) \longrightarrow C_2H_5OH_{(ads)} \quad (1.1.5)$$

吸附的乙醇气体与材料表面吸附的氧负离子发生反应（乙醛路径）：

$$2C_2H_5OH_{(ads)}+2O^{2-}_{2(ads)} \longrightarrow 2C_2H_4O^-_{(ads)}+O_2(g)+2H_2O(g)+2e^- \quad (1.1.6)$$

生成的 $2C_2H_4O^-_{(ads)}$ 中多余的电子不稳定，很容易受热并被激发返回材料内，即

$$C_2H_4O^-_{(ads)} \longrightarrow CH_3CHO_{(ads)}+e^- \quad (1.1.7)$$

$CH_3CHO_{(ads)}$ 与 O_2^{2-} 进一步发生反应如下：

$$2CH_3CHO_{(ads)}+5O^{2-}_{2(ads)} \longrightarrow 4CO_2(g)+4H_2O(g)+10e^- \quad (1.1.8)$$

乙醇脱水生成乙烯路径的反应过程如下：

$$C_2H_5OH_{(ads)} \longrightarrow C_2H_4(g)+H_2O(g) \quad (1.1.9)$$

$$C_2H_4(g)+3O^{2-}_{2(ads)} \longrightarrow 2CO_2(g)+2H_2O(g)+6e^- \quad (1.1.10)$$

由以上分析可知，在生成乙烯的过程中没有电子的产生，对气敏响应没有贡献，该路径无助于提高气体传感器的灵敏度；而产生乙醛的过程中有电子的产生，释放出的电子向材料主体转移，使材料的表面势垒及体内电子浓度发生变化，电导率发生变化，从而达到检测的目的。因此，通过施加催化剂或表面活性剂促进乙醇反应，沿乙醛路径进行是提高这类气体传感器乙醇灵敏度的关键。利用碱土金属、稀土金属掺杂制备乙醇气体传感器就是依据这个原理。

（2）晶界势垒模型

晶界势垒模型（图1.1.1）是依据多晶半导体的能带模型，氧气与电子亲和力大，当N型半导体气敏材料处于空气中时会吸附周围的氧；吸附氧在半导体近表面俘获大量的电子，在半导体表层留下正的施主电荷，而表面是带负电的吸附氧，产生了空间电荷层；导带中电子从一个晶粒迁至另一个晶粒，必须克服因空间电荷而形成的势垒，势垒高度随吸附氧（O^-_{ads}）浓度的增加而增大，因此，氧浓度越大，势垒越高，能越过势垒的电子越少，电导率越小。当材料吸附还原性气体时，还原性气体与氧结合，氧放出电子并回到导带，使势垒下降，元件电导率上升，电阻值下降，而P型半导体则正好相反。

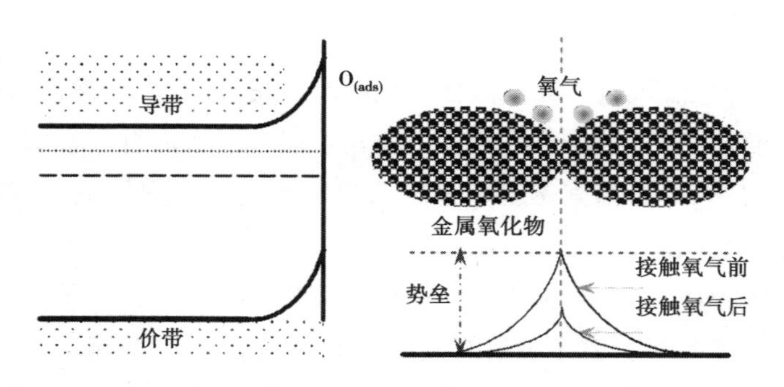

图 1.1.1　晶界势垒模型示意图

例如,S. Niranjanr 等通过研究 SnO_2 粉体的气敏性能及机理发现,当环境中不存在还原性气体时,SnO_2 结构中的电子首先吸附空气中的氧气,氧气夺取 SnO_2 结构中的电子后,变成吸附氧而被吸附在 SnO_2 表面,导致 SnO_2 粉体自身的电阻增大,势垒增高,能带向上弯曲。当环境中存在还原性气体时,与吸附氧发生氧化还原反应,将吸附氧释放,被夺去的 SnO_2 的电子又重新回到其结构中,导致 SnO_2 粉体自身的势垒降低,电阻减小。

(3)氧化还原模型

氧化还原模型是指在待测气体与半导体金属氧化物互相作用时,由于半导体金属氧化物在高温时具有催化作用,与待测气体发生催化氧化还原反应;另外,待测气体又会引起半导体金属氧化物本身发生氧化还原反应;同时,还可由两者共同进行氧化还原反应,从而发生电子的得失,引起材料电性质变化,表现出气敏效应。

待测气体在气敏元件表面可发生氧化还原反应。万吉高等研究了掺杂 SnO_2 粉体对 CO 的气敏机理后认为,SnO_2 由无数细小的晶粒组成,元件的电导率受晶粒表面性质的影响。常温下,当元件在空气中时,氧以分子氧的化学吸附态 $O^{2-}_{(ads)}$ 形式存在,当元件工作时,温度一般都在 100 ℃以上,此时吸附氧主要以 O^- 甚至 O^{2-} 的形式存在。吸附氧在半导体近表面俘获大量的电子,使材料电阻值升高;如果环境中有 CO 等还原性气体存在,吸附氧就会与之反应: $CO + O^-_{(ads)} \longrightarrow CO_2 + e^-$ 或 $RH_2 + O^-_{(ads)} \longrightarrow RO + H_2O + e^-$,表面 $O^-_{(ads)}$ 与 CO 结合,同时释放出原来被 $O^-_{(ads)}$ 俘获的电子,导带电子浓度增大,电导率增大,表现出气敏效应。

待测气体和半导体气敏材料相互作用发生氧化还原反应,因电子得失及电性变化而体现气敏性能。胡英等测试了 CuO-ZnO 气敏材料对 H_2S 的敏感性,并对其机理给出了解释:由于 S 元素的存在,当 CuO-ZnO 气敏元件吸入 H_2S 气体时,CuO 对 H_2S 气体异常活跃而发生反应生成 CuS:

$$CuO + H_2S \longrightarrow CuS + H_2O \tag{1.1.11}$$

CuS 是一种电阻率很低的良导体，它的生成使气敏传感器表面的异质 PN 结消失，取而代之的是 CuS 和 ZnO 接触的肖特基势垒。在异质 PN 结向肖特基势垒转变的过程中，气敏传感器的阻值发生显著变化，从而对 H_2S 气体呈现出很高的灵敏度。

(4)催化燃烧模型

催化燃烧模型是利用可燃性气体(如 CH_4，C_4H_{10} 等)在气敏材料表面燃烧并放出一定热量，从而引起气敏元件的电导率发生变化来检测可燃性气体。孙良彦等研究了甲烷气敏材料的机理，认为气敏材料对 CH_4 的检测多是依据气体在元件表面的催化燃烧机理。CH_4是化学稳定的气体，与 N 型气敏元件的反应困难，当采用表面修饰技术向 SnO_2-In_2O_3材料中加入贵金属 Pd 及过渡金属 Co 后，大大提高了元件的催化活性，使其发生反应：

$$2CH_4+3O_2 \longrightarrow 2CO+4H_2O \tag{1.1.12}$$

$$CH_4+2O_2 \longrightarrow CO_2+2H_2O \tag{1.1.13}$$

$$CH_2+2H^++3O^{2-} \longrightarrow CO_2+H_2O+2H^++6e^- \tag{1.1.14}$$

$$CH_3+H^++(7/2)O^{2-} \longrightarrow CO_2+(3/2)H_2O+H^++6e^- \tag{1.1.15}$$

可见，催化剂的加入能促使 CH_4 在元件上分解，C—H 键断裂，CH_4解离成 CH^{2+} 基和 CH^{3+}基，促进了 CH_4在 SnO_2表面上的吸附作用，从而降低了 CH_4 在元件表面上的反应温度，这就使 CH_4在常温条件下也可以发生催化燃烧反应，并不断放热，使元件表面温度也不断升高。由于 SnO_2-In_2O_3 是 N 型半导体元件，当其温度上升时，载流子浓度增大，电导增加，阻值下降。

1.2　半导体金属氧化物 ZnO

1.2.1　ZnO 的晶体结构

ZnO 是Ⅱ—Ⅳ族中典型的双原子半导体金属氧化物。按 ZnO 的阳离子和阴离子的半径比 r^+/r^-，锌离子的配位数应为 6。但 ZnO 晶体中存在离子极化，使得r^+/r^-下降，从而导致配位数和键性的变化，其化学键的类型介于离子键与共价键之间。

在热力学稳定的常温常压环境中，ZnO 的存在形式是纤锌矿晶体结构（WZ），属于六方晶系，$P6_3mc$ 空间群。在 ZnO 的晶体结构中，O^{2-} 按六方紧密堆积排列，Zn^{2+} 充填于 1/2 的四面体空隙中，Zn^{2+} 的配位数为 4，O^{2-} 的配位数也是 4。实验研究证明，六方纤锌矿结构可以在约 10 GPa 的高压下转变成亚稳态的 NaCl 型结构。但是这种 NaCl 型结构具有较高的自由能，很难在晶体的生长过程中稳定存在。亚稳态的 ZnO 闪锌矿结构（ZB）通常也是不能稳定存在的，它仅可以生长在一些立方结构的衬底上，如 ZnS 与 GaAs/ZnS 衬底。我们日常生活中所见的 ZnO 基本上是纤锌矿结构的 ZnO 晶体，如图 1.1.2 所示。

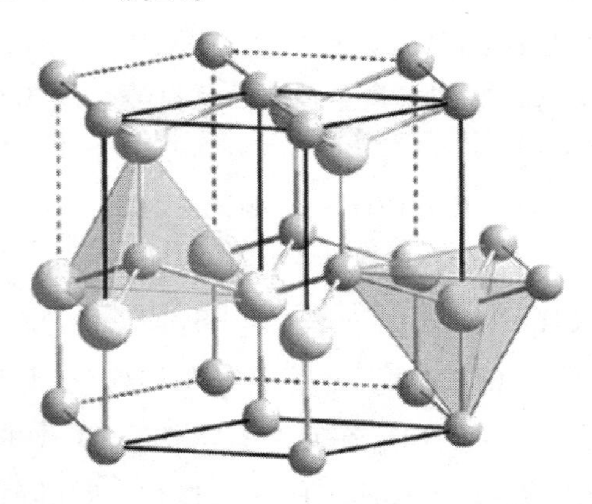

图 1.1.2　六方纤锌矿 ZnO 晶体结构示意图

图 1.1.3 为 ZnO 晶体结构模型和极性面示意图。从图 1.1.3 中可以看出六方纤锌矿结构的 ZnO (0001) 面不具有反向对称性，从而使 ZnO 在相应的 [0001] 方向具有离子极性。通常极性面会表现出强大的表面重组现象，但是 ZnO 的(0001)面比较特殊，它不经过重组也能稳定存在。目前大家普遍认为 ZnO (0001)面稳定的原因有：一是靠晶层之间的电子弛豫实现电子从-(0001)向+(0001)方向转移而稳定；二是在 ZnO 的(0001)面存在 Zn^{2+} 缺陷，从而导致晶层之间相对 O^{2-} 过剩达到稳定状态。这种独特的非中心对称的极性晶体结构直接决定着氧化锌材料的很多性质，如生长行为、缺陷的产生、塑性、机电耦合性、压电及热电性质。

电子带结构决定 ZnO 材料的半导体性质，尤其是 Zn3d 与 O2p 轨道的能级状态。低指数晶面族{0001}与{10-10}中表面电子的能级结构以及悬键的状态，还将直接决定氧化锌材料的表面性质及化学行为。目前已经有很多理论与实验研究组从不同的角度，利用不同手段对氧化锌的电子带结构进行了研究，但结果相去甚远，没有统一的结论。

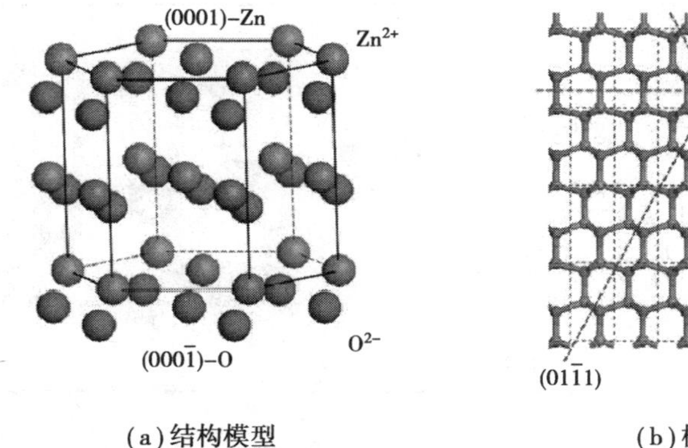

(a) 结构模型

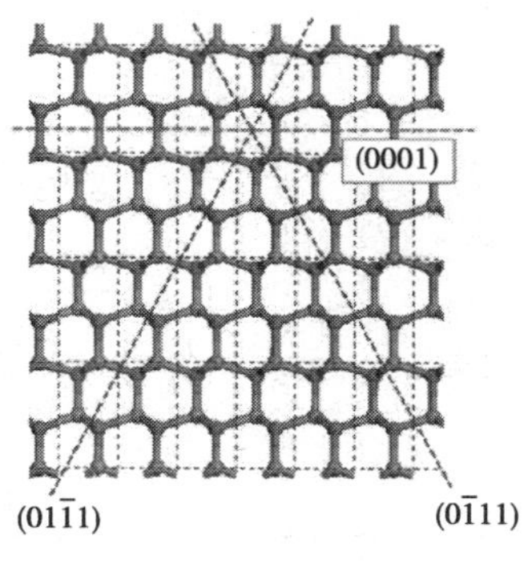

(b) 极性面

图 1.1.3　ZnO 晶体结构模型和极性面示意图

氧化锌(ZnO)是一种重要的Ⅱ—Ⅳ族直接带隙宽禁带化合物半导体材料,室温下的禁带宽度为 3.37 eV,激子结合能高达 60 MeV。宽禁带和室温下有较大的激子束缚能,保证它可以在室温下实现紫外激光发射,使 ZnO 成为一种重要的光学和光电子学的半导体材料,是继砷化镓后出现的又一种备受关注的新一代半导体材料,在紫、蓝、绿色发光二极管,激光器和紫外探测器等方面显示出巨大的应用潜力。不仅如此,ZnO 同时具有半导体的光电性能、压电效应、高的热稳定性、气敏特性、生物安全性和生物兼容性等,使氧化锌在生物医学、军事、无线通信和传感方面都具有重要的应用价值。

1.2.2　ZnO 气敏材料的性质

氧化锌属于表面敏感型气敏材料。当使用氧化锌作为气敏材料时,气体传感机制可以概括为吸附-氧化-脱附机制,其气体敏感机制如图 1.1.4 所示。在空气中,氧分子被吸附在氧化锌材料表面,从氧化锌导带捕获电子,形成氧负离子(O_2^-,O^-,O^{2-}),这些离子成为表面接收位点。由于导带的电子损耗,在氧化锌表面上形成了一个具有高电位的德拜电子耗尽层,阻碍了电子在晶体颗粒之间的运动,化学吸附达到平衡后,氧化锌的电阻升高达到一个稳定值;当引入还原性物质(如氢气、乙醇、苯等)时,它们会与氧负离子产生氧化还原反应来氧化氧负离子,同时将俘获的电子迁移到导带。此时,电子损耗层的厚度减小,载流子密度增加,氧化锌的电阻降低到一个稳定值,然后,随着空气的流动,目标气体逐渐与氧化锌分离,电阻回到初始状态。当遇到氧化性气体(例如,NO_x,SO_2,O_3 等)时,氧化性气体会捕获氧化锌中的电子,载流子密度显著降低,材料的电阻增加,直到平衡。

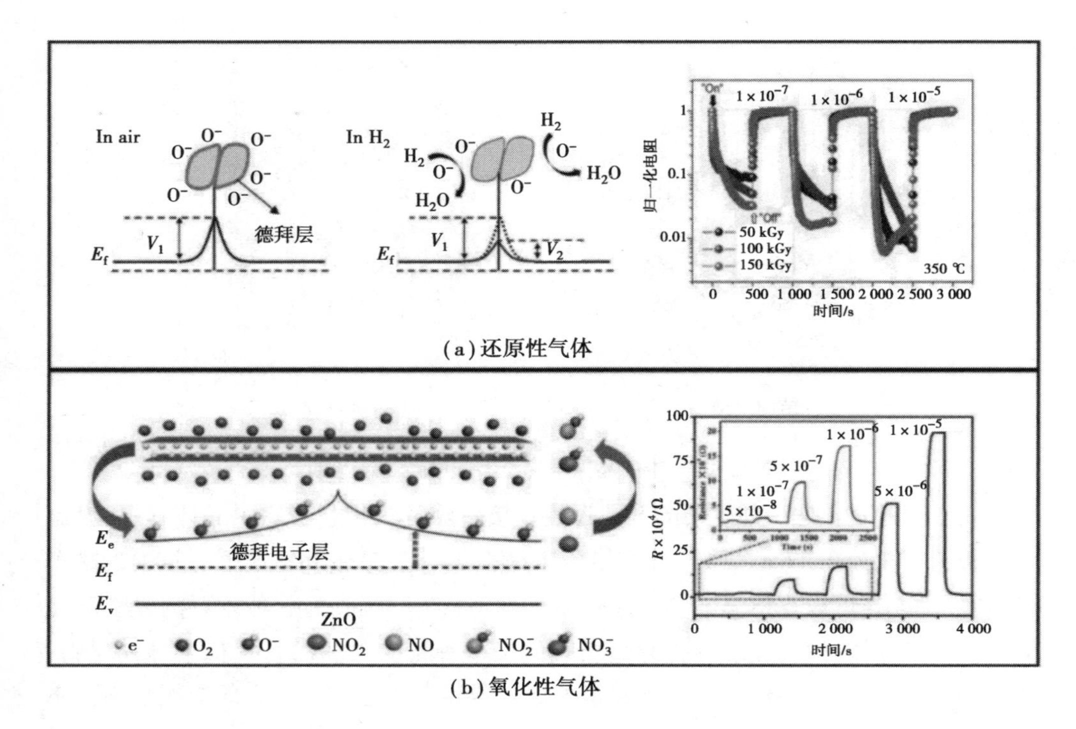

(a) 还原性气体

(b) 氧化性气体

图 1.1.4　ZnO 气敏材料的气敏机理

然而,ZnO 材料的气敏性能通常与表面化学反应和气体扩散有关。当温度低于 150 ℃时,表面化学反应起主导作用,吸附的氧气只能捕获少量的电子来形成 $O^-_{2(ads)}$。因此,材料大的比表面积可以提供更多的活性位点,从而提高灵敏度;当温度高于 150 ℃且低于 300 ℃时,表面化学反应和气体扩散会产生一种常见的操纵效应;当温度超过 300 ℃,$O^-_{2(ads)}$ 继续捕获电子以形成 $O^-_{(ads)}$ 和 $O^{2-}_{(ads)}$。这就是表面化学反应加速,气体扩散成为气敏反应速率限制步骤的原因。在这种情况下,材料的孔径和孔隙度越大,气体扩散越快,气敏性能从而越好。

1.3　ZnO 纳米材料的制备方法

1.3.1　热蒸发法

热蒸发法是目前 ZnO 纳米材料中最简单、最常用的一种合成方法。世界上许多研究小组都用这种方法来合成 ZnO 纳米结构,并成功地制备出各种各样的 ZnO 纳米结构。图 1.1.5 为典型的热蒸发法的示意图。这种方法通常是在高温区使源材料升华，用载气把蒸气吹到冷端冷却，随后气相物质在特定的温度区沉积，成核长大，从而得到所需的各种 ZnO 纳米结构。

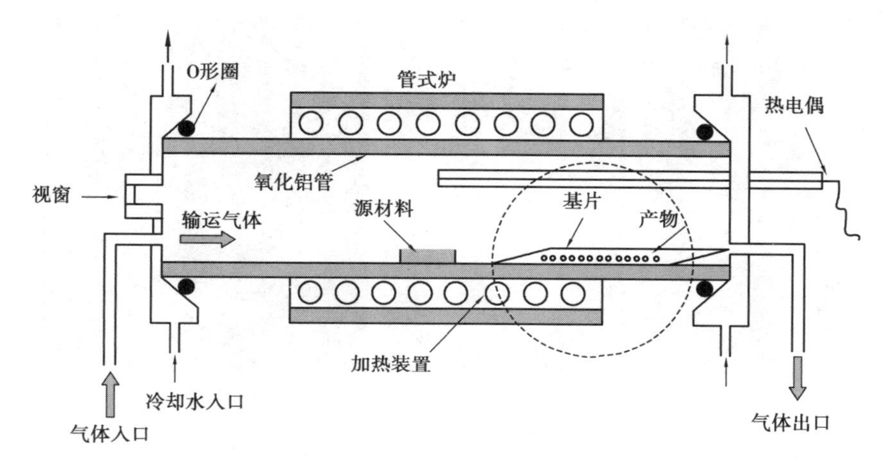

图 1.1.5　热蒸发法制备氧化物纳米结构的实验装置示意图

Pan 等用半导体 Ge 作催化剂，在 900 ℃下用碳热还原反应成功地合成了 ZnO 纳米“森林”，如图 1.1.6 所示。利用催化剂可大大提高所制备 ZnO 纳米结构的多样性，但是需要对源材料或衬底进行预处理。另外，金属催化剂会污染所制备的纳米结构，有可能在纳米线中形成杂质能级。

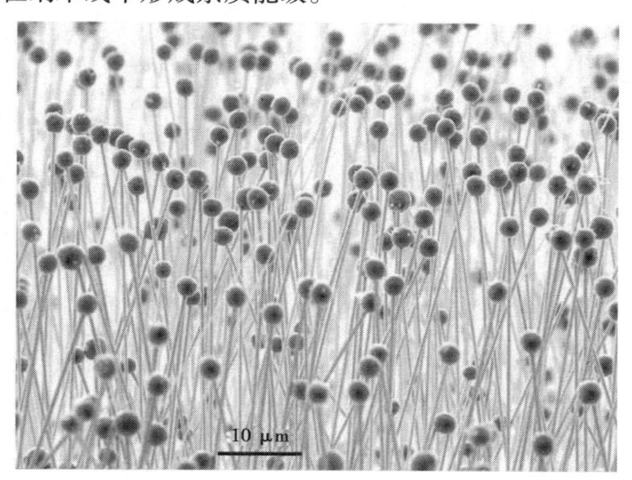

图 1.1.6　Ge 催化合成的 ZnO 纳米“森林”扫描电镜像

此外，人们可以通过控制 ZnO 的生长方向和极表面等合成各种螺旋结构。王中林教授研究小组通过调整合成参数相继合成了 ZnO 纳米环、ZnO 纳米弹簧和 ZnO 纳米弓等结构，如图 1.1.7 所示。这种完美的纳米螺旋晶体具有刚性结构，由两种具有不同取向的 ZnO 纳米带沿宽度方向周期性交替共格外延，自发组装形成。

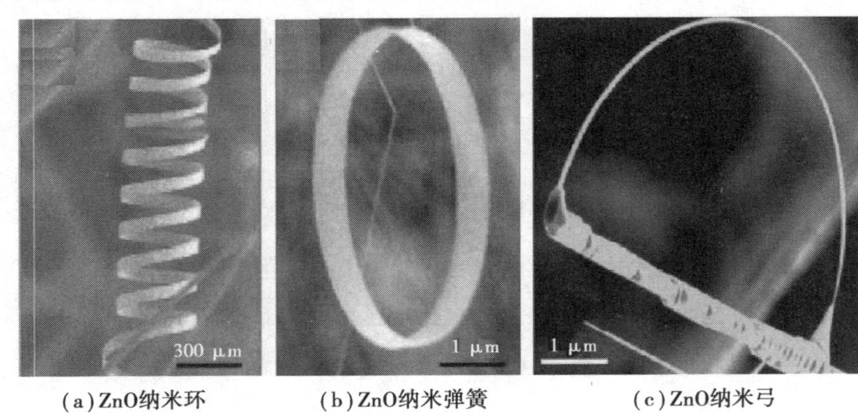

(a) ZnO纳米环　(b) ZnO纳米弹簧　(c) ZnO纳米弓

图 1.1.7　热蒸发合成的极性面诱导的 ZnO 纳米结构

1.3.2　模板辅助生长法

利用热蒸发的方法虽然可制备出许多种 ZnO 纳米结构，然而制备过程的可控性不好。因而，一些科研小组采用模板的方法来制备出形貌可控的 ZnO 纳米结构。模板法的主要原理是利用具有中空通道的模板限制材料的生长方向，让其沿着一维方向生长。利用模板法能使材料形貌可控、大小均匀和生长有序等，因而被广泛用来制备一维纳米材料。

一般来说，模板可分为软模板和硬模板。软模板是在有机物分子链卷曲或者伸缩力的带动下控制一维纳米材料的生长，这种方法很少在 ZnO 纳米结构制备中被使用，很多研究小组都利用硬模板的方法制备形貌可控的 ZnO 纳米结构。硬模板就是利用模板材料本身所拥有的形貌或者特征，来控制一维纳米材料的生长。哈尔滨工业大学的武详采用 Zn 片作衬底，ZnS 粉末和 Zn 粉末的混合物作为蒸发源，合成产物为 ZnO 亚微米棒阵列，从图 1.1.8 中可以看出，ZnO 亚微米棒呈放射状地生长在 Zn 微球表面，单个亚微米棒的平均直径约 500 nm，长约 1 μm，棒的顶部平整，截面为六边形。

图1.1.8　ZnO亚微米棒阵列的扫描电镜像

从上面的例子可看出,利用模板的方法可制备形貌可控的ZnO纳米结构。由于模板法制备纳米结构的机理和过程比较简单,因此模板法在一维纳米材料的制备中发挥了重要作用。在利用模板法制备ZnO纳米结构的同时可结合其他的一些方法,以实现新奇的纳米结构的制备。例如,2001年,美国Kentucky大学的Hu等在硅基底上沉积一层铝,然后将其阳极氧化形成有序纳米孔阵列的氧化铝模板,并用电沉积法在纳米孔中引入催化剂,再用化学气相沉积方法制得有序碳纳米管阵列,纳米管的直径和长度可通过模板的孔径进行调控。同样,在利用模板制备ZnO纳米结构过程中,可以借鉴其他材料的一些制备方法,以实现多样化可控的ZnO纳米结构的制备。用模板法虽然实现了可控的纳米结构的制备,但是所制备的一维纳米材料产量低、质量不高、容易在材料中形成杂质,并且最后通常还要去除模板,目前人们还继续在探索制备ZnO纳米结构更有效的方法。

1.3.3　湿化学法

湿化学法是先将材料所需组分溶解在一定量的溶剂中形成均匀溶液,然后通过反应沉淀得到所需组分的前驱物,再经过热分解得到所需物质。湿化学法设备简单、原材料容易获得、化学组分易控制,且制得的纳米结构纯度高、均匀性好,因此得到了很多科研人员的青睐。

由于我们的工作是围绕着水热法制备ZnO纳米材料来开展的,因此,在这里只对水热合成法作了介绍。水热合成法(hydrothermal method)作为湿化学方法中最重要的合成方法之一,它在制备无机材料中能耗相对较低、适用性较广,既可以得到超细粒子,也可以得到尺寸较大的单晶体,还可以制备无机陶瓷薄膜,并且所用原料一般较为便宜,通过在液相快速对流中进行,产率高、晶型好、产物易分散、形貌多样。通过对反应温度、压力、处理时间、溶液成分、pH 值的调节和前驱物、矿化剂的选择,可以有效地控制反应和晶体生长。反应在密闭容器中进行,可控制反应气氛而形成合适的氧化还原反应条件,获得其他手段难以取得的亚稳相。采用水热合成法制得的 ZnO 产物通常具有结晶性好、尺寸均匀、纯度高等优点。水热合成方法除了在制备特殊形貌与结构的 ZnO 纳/微米材料上具有优势外,也可以用于在基底上制备 ZnO 的颗粒膜、纳米棒/线阵列和纳米管阵列。将水热合成法、CVD 和热蒸发法相比,水热合成法有成本低廉、工艺简单、对设备要求低等优点。图 1.1.9 为水热法制备 ZnO 纳米粉体的高压反应釜,它由垫片、钢制釜体和聚四氟乙烯内胆等构成。

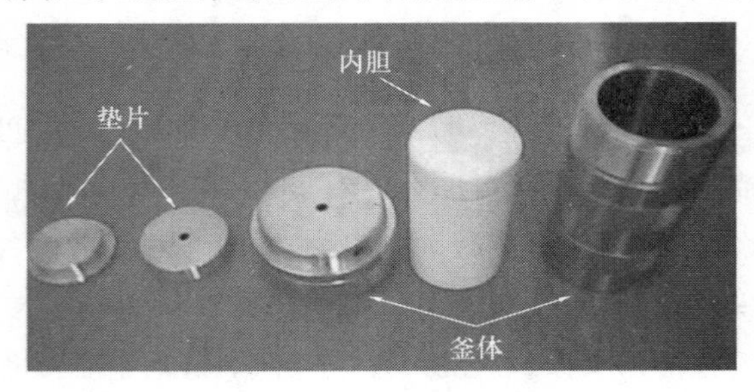

图 1.1.9 高压反应釜

Zeng Yi 等人采用水热合成法制备出了榛子状的 ZnO 微晶体,从图 1.1.10(a)可清晰地观察到,ZnO 微晶由两个不对称的孪生双锥体通过共用一个基准面构成,其形貌结构特点类似坚果中的榛子。图中箭头 1 和 2 分别指向了垂直和水平方向排列的单个 ZnO 微晶,更直观地说明了榛子状 ZnO 微晶的形貌结构特点:①不对称双锥体中间有一个明显的晶界,其截面为正六边形;②双锥体的生长极不平衡,较大锥体为六角底圆锥形状。图 1.1.10(b)为单个榛子状 ZnO 微晶体的 FESEM 图像,从图中可知,较为发达锥体的顶端表面较粗糙,底部表面光滑;不发达锥体由大量的 ZnO 纳米颗粒构成,其表面从顶到底都非常粗糙。

Zeng Yi 采用表面活性剂辅助水热法合成了一种纳米棒聚集的花状结构。从图 1.1.11 中可以看出,单个花状 ZnO 微结构由许多紧密排列在一起的 ZnO 纳米棒构成,ZnO 纳米棒的表面比较粗糙,其直径为 50 ~ 280 nm,长度为 1 ~ 1.5 μm。所有的纳米棒并不是均匀地发散排列,而是部分 ZnO 纳米棒沿特定的方向聚集在一起。另外,六角片(盘)、花状(管束)结构、树枝状和中空微米球等均采用水热法制备出来,因此水热法已经成为人们制备纳米材料形貌的一种非常重要而且简单易行的方法。

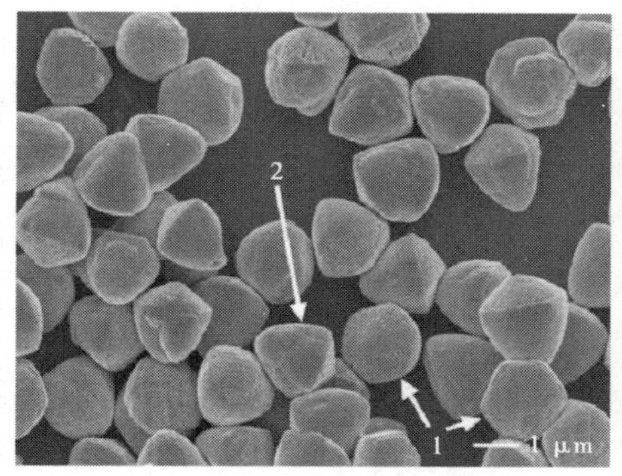

(a) ZnO样品的低倍率FESEM照片

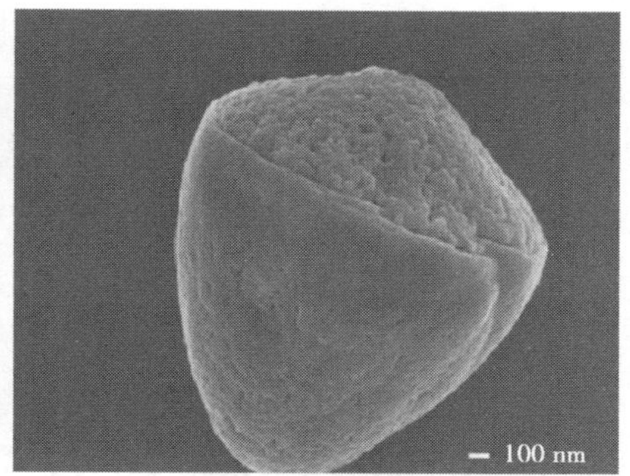

(b) 单个ZnO微晶体的FESEM照片

图 1.1.10　榛子状的 ZnO 微晶体

(a) 形貌

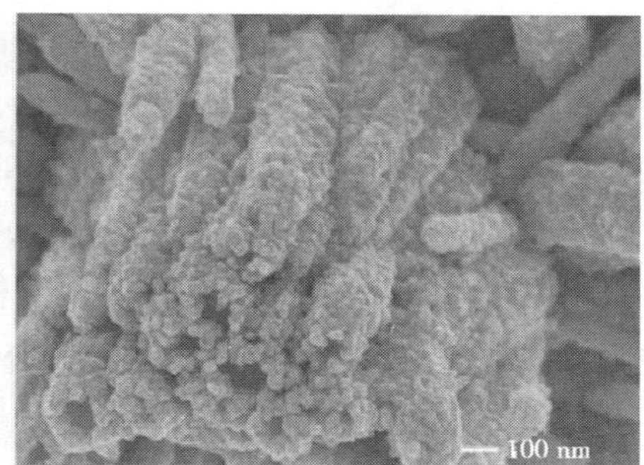

(b) 结构表征

图 1.1.11　花状 ZnO 产物

1.4　提高 ZnO 气敏性能的有效方法

1.4.1　改善 ZnO 形貌结构

纳米 ZnO 的制备方法有沉淀法、溶胶-凝胶法、模板法、微波法和水热合成法等。由于 ZnO 是表面电阻控制型气敏材料,其形貌结构对气体敏感性的影响很大。材料较大的比表面积可为气体传输提供通道,利于气体扩散,增强气体吸附能力,因此具有较高的灵敏度。稳定的结构使晶体颗粒不易团聚,可明显增强材料测试的重复性,从而能提高气敏性能。因此,研究人员不断探索各种合成 ZnO 纳米材料的新方法,通过控制材料的尺寸、组成、结构和形貌等提高气敏性能。已有形貌如三维多级分层微球,二维纳米片,纳米盘,一维纳米棒、纳米线、纳米带、纳米管等。纳米 ZnO 气敏材料制作的传感器主要为普敏型传感器,改善形貌和减小尺寸在一定程度上可提高材料的气敏性能,但是由于存在工作温度高、灵敏度低等不足,其在高端产业的应用受到了限制。

1.4.2 添加贵金属

半导体氧化物的气敏机理决定了传感器元件须处于较高的温度才能正常工作,而贵金属修饰可在纳米 ZnO 材料表面形成活化中心,提高目标气体在其表面的吸附和氧化还原能力,加快反应速率,降低气敏元件的工作温度。同时,贵金属的导电性能好,相同温度下的电阻率远小于 ZnO 材料,因此掺入贵金属材料能降低 ZnO 气敏元件的阻值,从而增强气敏性能。通常使用两种类型的机制来描述贵金属纳米颗粒改善 ZnO 气敏性能,第一种是“化学机制”,第二种是“电子机制”。“化学机制”基于溢出效应,贵金属纳米颗粒刺激了氧分子的吸附和解吸过程。当氧分子与这些贵金属纳米粒子相互作用时,它们会分裂成氧原子并散布在整个表面上,然后这些氧原子从 ZnO 的导带中俘获电子,并将其自身转换为氧离子,此时 ZnO 的表面上耗尽层被增强,传感器总电阻增加。当还原性气体暴露在传感器表面时,它们与贵金属纳米颗粒发生反应并在 ZnO 表面分裂,大量的氧离子可与还原性气体反应,随后耗尽层以及传感器的电阻减小,自由电子释放到 ZnO 的导带中。这种作用不仅降低了 ZnO 传感器的工作温度,而且提高了其响应恢复特性和选择性。在“电子机制”的情况下,由于贵金属颗粒和 ZnO 不同的功函数,电子首先转移至贵金属粒子,因此在贵金属纳米粒子与 ZnO 之间形成了纳米肖特基结,此时在贵金属纳米颗粒和 ZnO 的界面处产生带弯曲,这进一步增加了 ZnO 电子耗尽层的厚度,从而增加了气体传感器的电阻。Pt,Pd,Ir 等贵金属能有效提高元件的灵敏度和响应时间,它能降低被测气体化学吸附的活化能,因而可以提高其灵敏度和加快反应速度。贵金属催化剂有利于不同的吸附试样,从而具有选择性。如各种贵金属对 ZnO 基半导体气敏材料掺杂,Pt,Pd,Au 提高对 CH_4 的灵敏度;Ir 降低对 CH_4 的灵敏度;Pt,Au 提高对 H_2 的灵敏度;而 Pd 降低对 H_2 的灵敏度。贵金属价格昂贵,且在某些成分(如 NO_2,SO_2 等)的作用下会发生催化剂的中毒,使元件的长期可靠性受到损坏。

1.4.3　掺杂稀土元素

稀土元素具有半径大、电价高、化学性质活泼、极化力强和可水解等性质，因此，在纳米 ZnO 中掺入微量的稀土化合物如 Y_2O_3，CeO_2，La_2O_3等可以改善材料的气敏性能。稀土元素具有许多特有的电子性质和催化性质。稀土元素掺杂可以改善某些材料对特定气体的选择。如 M. Fujimjura 在 ZnO 中掺入稀土氧化物，发现对丙烯灵敏，对 CO、CH_4、丙酮、乙醇不灵敏；在 ZnO 中加入镧系元素，可改善对醇类气体的选择性。牛新书等利用溶胶-凝胶法制备了 ZnO 及掺杂 CeO_2的 ZnO 纳米粉体，以掺入 8% CeO_2 的 ZnO 为材料制成的气敏元件在 305 ℃对 H_2S 具有很高的灵敏度、选择性和响应-恢复特性。王晓平将 Tb_2O_3掺入 ZnO 中，该材料对 CH_4 的灵敏度明显提高，并且稀土元素的加入大大降低了传感器的工作温度。刘芳将 Ce 掺入 ZnO 纳米纤维中，在掺杂量为 6% 时对丙酮的灵敏度达到最大，并且 Ce 的掺入能够有效降低 ZnO 纳米纤维的工作温度。La 的掺入提高了 ZnO 对低浓度 H_2S 气体的响应，当 La 掺杂量为 3% 时，灵敏度最大，且响应和恢复时间变短。

1.4.4　构建金属氧化物异质结

金属氧化物不会中毒，价格便宜，且金属氧化物可与纳米 ZnO 形成 PN 结。当两个互不相同的金属氧化物以不同的功函数值复合在一起时，电子将从低功函数的金属氧化物流到高功函数的金属氧化物，直到费米能级相等。在此过程中，能带弯曲发生在两个不同金属氧化物的界面处，形成异质结并导致总电阻和势垒高度的增加。桂阳海等研究了掺杂 WO_3 的纳米 ZnO 在紫外光激发下对乙醇的气敏特性，发现掺杂 WO_3的质量分数为 1% 时材料的气敏性能最佳。Lee 等发现 NiO 掺入 ZnO 的晶格内部使 PN 结附近的电子耗尽层增大，因此，NiO 修饰的 ZnO 纳米线对乙醇和甲醛气体的响应和选择性显著增强。张等通过水热技术制备了花状的 p-CuO/n-ZnO 异质结纳米棒，对 3×10^{-4} 的乙醇，比例为 0.25 的 CuO/ZnO 纳米棒的具有最高的灵敏度，是纯 ZnO 的 2.5 倍，灵敏度的提高归因于 P 型 CuO 和 N 型 ZnO 之间的异质结的形成，以及其在乙醇蒸气下，势垒高度大大降低。

1.5 ZnO 气敏性能测试与主要气敏特性

1.5.1 旁热式气敏元件的组装

旁热式气敏传感器的基本结构主要由陶瓷管、信号电极和加热电极组成，如图 1.1.12 所示，它的管芯是一个 Al_2O_3 小陶瓷管，在该陶瓷管的两侧涂有金的电极作为测量用的金属电极，在制备气敏传感器时，气敏材料涂抹在两金电极及其表面间，然后进行高温烧结，另外有四根焊接在该金电极上的金属铂丝，作为焊接在基座上的导线。在小陶瓷管中插入一个镍铬合金加热丝作为器件的加热电极就构成了一个典型的旁热式气敏传感器。由于加热丝不和气敏材料直接接触，从而避免了回路之间的相互干扰，使气敏元件的一致性和机械强度有了很大的改善。该元件具有工艺简单和成本低廉的优点，是目前商品化气敏元件的一种主要结构类型。该旁热式气敏元件的基本制作工艺流程如图 1.1.13 所示。

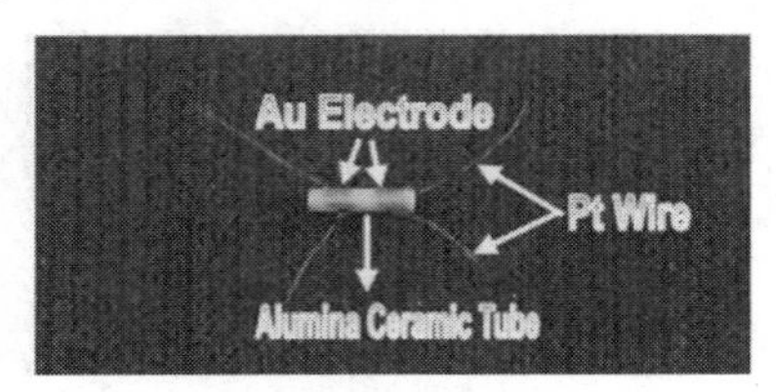

(a) Al_2O_3小陶瓷管

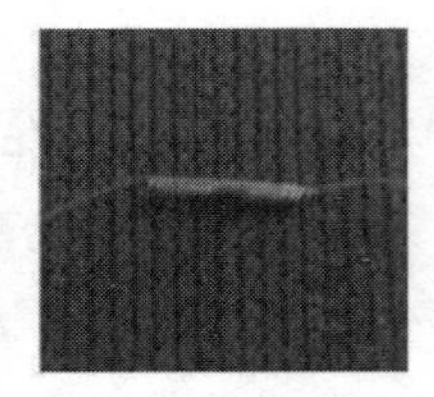
(b) Ni-Cr加热丝

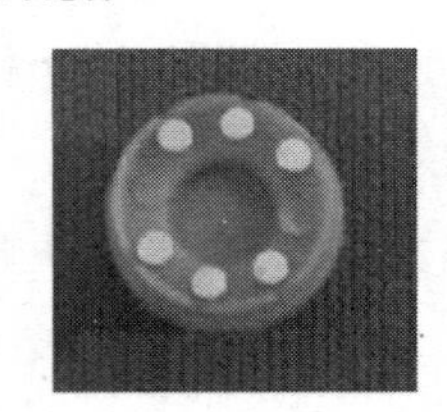
(c)旁热式气敏传感器的基座

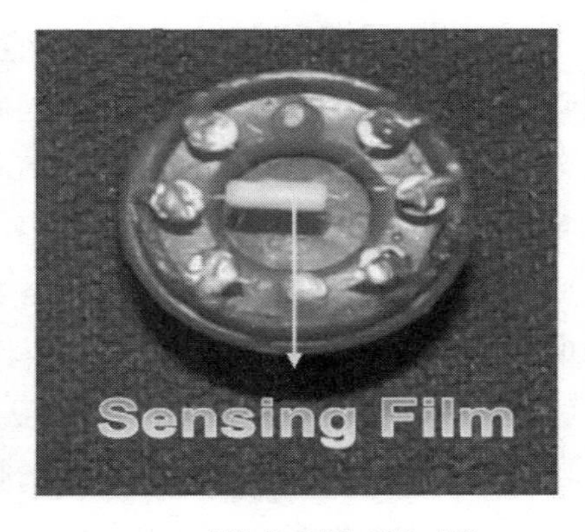

(d) 制作完成的气敏传感器

图 1.1.12　旁热式气敏传感器的组成

①首先将一定量的乙二醇溶解在一定量的无水乙醇中，然后将一定量的粉末分散在该无水乙醇溶液中，在玛瑙研钵中充分研磨使材料混合均匀，再加入少量的松油醇作为黏结剂，最后将该粉末调节成糊状，均匀地涂敷在 Al_2O_3 陶瓷管的电极表面上。

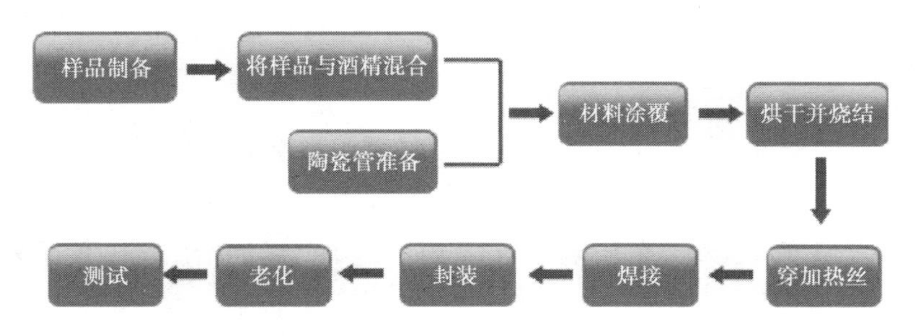

图 1.1.13　元件制作工艺流程图

②将涂敷好的陶瓷管在空气中自然风干，然后在 400 ℃的条件下放入马弗炉中烧结 2 h，随炉冷却后取出。

③将一根镍铬合金丝小心地插入烧结后的陶瓷管中，并将其焊接在一个塑料基座上，即制成了旁热式烧结型气敏元件。

④将该气敏元件插到检测板上，稳定在 120 ℃并进行老化大约 24 h。

完成以上步骤后，元件即可进行气敏性能的测试。

1.5.2　ZnO 气体传感器的主要气敏特性

一种良好的 ZnO 气体传感器的主要气敏特性要求在以下几个方面体现其优越性。

(1)灵敏度

灵敏度是指待测气体进入前电阻 R_{air} 和进入后电阻 R_{gas} 的比值，即 $S=R_{air}/R_{gas}$。灵敏度是气体传感器的一个重要参数，标志着气体传感器对气体的敏感程度，灵敏度越高，则表示气敏元件可以检测到越低的气体浓度。灵敏度决定了测量精度。

(2)响应恢复时间

从气敏元件与被测气体接触到气敏元件的阻值达到新稳定值所需要的时间称为响应时间，它表示气敏元件对被测气体浓度的反应快慢。

(3)选择性

在多种气体共存的条件下，气敏元件区分气体种类的能力称为选择性。对某种气体的选择性好就表示气敏元件对它有较高的灵敏度。选择性是气敏元件的重要参数，也是目前较难解决的问题之一。

(4)稳定性

当气体浓度不变，若其他条件发生变化时，在规定的时间内气敏元件输出特性维持不变的能力称为稳定性。稳定性表示气敏元件对气体浓度以外的各种因素的抵抗能力。

(5)温度特性

气敏元件随着温度变化的特性称为温度特性。温度有元件自身温度和环境温度之分,这两种温度对灵敏度都有影响,元件自身温度对灵敏度的影响与所用的材料有关。环境温度对灵敏度的影响相当大,解决这个问题的措施之一就是采用温度补偿方法。

(6)湿度特性

气敏元件的灵敏度随着环境湿度变化的特性称为湿度特性。湿度特性是影响检测精度的另一个因素。解决这个问题的措施之一就是采用湿度补偿方法。

本书主要从 ZnO 气敏材料的灵敏度、选择性、稳定性、响应恢复时间和湿度特性等方面进行研究,试图研究出一种具有高选择性、高灵敏度、响应恢复时间短、稳定性好、抗湿性强的气体传感器。

1.5.3 气敏性能的测试

气敏性能的测试是用 HW-30A 气敏测试系统完成的。该气敏元件测试系统的测试原理电路图如图 1.1.14 所示。图中 R_L 为回路负载电阻,当元件的电阻发生变化时,可以通过负载电阻上的电压变化来计算。V_h 为气敏元件的加热电压,通过改变加热电压可以改变元件的工作温度。气敏传感器的电阻用 R_s 表示,它的值可以用电压表示:

$$R_s=\frac{R_L(V_c-V_{out})}{V_{out}}$$

其中 V_c 和 V_{out} 分别是回路电压和输出电压。因此可以通过测试与气敏元件串联的负载电阻 R_L 上的电压 V_{out} 来反映气敏元件的气敏性能。气敏元件的工作温度可通过调节加热丝的电压来控制,在通常情况下加热丝的电压控制在 3 ~5.5 V。测试回路的总电压控制在 10±0.1 V,用 V_c 表示。测试的都为还原性气体,制备的传感器采用电阻式灵敏度来表征,灵敏度定义为:

$$S=\frac{R_a}{R_g}$$

其中,R_a 和 R_g 分别为气敏元件在空气中和在待测还原性气体中的电阻值。响应恢复时间定义为当其响应或者恢复值达到其最大值的 90% 或者达到最小值的 10% 的时间。

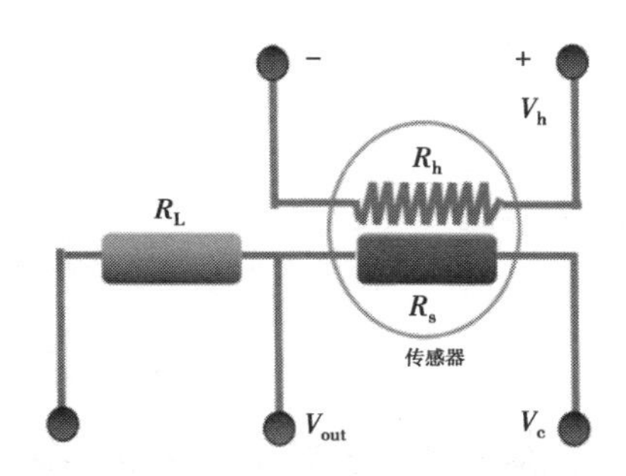

图 1.14　气敏元件测试原理电路图

根据 HW-30A 的电路系统,由于灵敏度定义为$\frac{R_a}{R_g}$,所以 $S=\frac{R_{a-s}}{R_{g-s}}$。

当气敏元件放置于空气中时,因为

$$R_{a-s}=\frac{V_c-V_{a-out}}{I_a},I_a=\frac{V_{a-out}}{R_L}$$

所以

$$R_{a-s}=\frac{(V_c-V_{a-out})R_L}{V_{a-out}}$$

当气敏元件放置于还原性气体中时:

$$R_{g-s}=\frac{(V_c-V_{g-out})R_L}{V_{g-out}}$$

即

$$S=\frac{R_{a-s}}{R_{g-s}}=\frac{\dfrac{(V_c-V_{a-out})R_L}{V_{a-out}}}{\dfrac{(V_c-V_{g-out})R_L}{V_{g-out}}}=\frac{V_{g-out}(V_c-V_{a-out})}{(V_c-V_{g-out})V_{a-out}}$$

于是该公式可以简化为:

$$S=\frac{V_{g-out}(V_c-V_{a-out})}{(V_c-V_{g-out})V_{a-out}}$$

其中 V_c,V_{a-out}和 V_{g-out}分别是测试回路电压、在空气中的输出电压和在还原性气体中的输出电压。

第2章 ZnO微纳米结构的调控合成及气敏性能研究

由于材料的微观形貌和尺寸等对其物理和化学性质都有重要影响,因此,对材料的合成与反应机理进行研究不但可以加深对材料的认识,探索它的潜在应用;更能通过改变反应条件来控制材料的尺寸和形貌,从而实现对材料性质的理性调控。ZnO作为一种最重要的半导体金属氧化物,应用层面的巨大需求使人们对其充满期望。

在合成的ZnO纳米结构中,具有分层、多孔及空心结构的ZnO成为人们关注的亮点。分层、多孔及空心结构是一种复杂的多维结构,它们是由低维的纳米结构,如一维纳米线、纳米棒、纳米管和二维的纳米片按照一定的规律组装而成的。举例来说,海胆状分层结构就是由一维纳米线或者纳米棒自组装而形成的球形结构,花状分层结构就是由2D纳米片组装而成的。从这个意义上说,空心球是由许多纳米颗粒聚集并组装而成的,因此也属于分层结构的一种。

有许多文献研究证明分层、多孔及空心结构的纳米晶体具有很高的灵敏度和快速的响应恢复时间,这是因为分层、多孔结构的ZnO能够促进气体的弥散和反应动力学,并具有很高的比表面积,从而能够提高气敏传感器的灵敏度和响应恢复特性。所以研究清楚分层、多孔及空心结构材料从成核、生长到最终形貌结构的形成过程有助于人们更深入地理解表面、界面与反应动力学等理论问题,对精确控制实验条件,降低制备成本,理性合成特定结构与形貌的产物都有重要的指导作用。

2.1　ZnO 纳米片聚集的分层的花状结构

2.1.1　引言

在本节中,我们通过水热法成功地制备了三种形貌的 ZnO 纳米材料,分别是颗粒状、片状和花状结构。进一步的气敏性能测试表明,花状 ZnO 纳米材料对乙醇具有较高的灵敏度,这是由于这种结构具有较高的比表面积。我们还发现柠檬酸根离子的浓度对 ZnO 纳米材料的形貌具有很大的影响,并对其生长机理进行了相应的分析。

2.1.2　实验

ZnO 纳米材料的制备是用水热法完成的。为了制备 ZnO 纳米花,将二水合乙酸锌(5 mmol/L)、氢氧化钠(10 mmol/L)和柠檬酸钠(10 mmol/L)混合于去离子水中,用磁力搅拌器搅拌 1 h。然后将反应溶液转入高压反应釜中,150 ℃水热 10 h,从而获得了花状的 ZnO 粉体。采用同样的方法可以获得 ZnO 纳米片,只是柠檬酸钠的浓度调整为 1 mmol/L。制备 ZnO 纳米颗粒时,首先将二水合乙酸锌(5 mmol/L)和尿素(10 mmol/L)超声溶解在无水乙醇中。搅拌 30 min 后将溶液转入高压反应釜,180 ℃水热 8 h。反应结束后随炉冷却,采用高速离心机收集白色沉淀。收集到的白色沉淀用去离子水和无水乙醇多次清洗,并在 60 ℃空气气氛下烘干,便得到了所需产物。

2.1.3　样品表征

图 2.1.1 为制备样品的 XRD 衍射图谱。从图中可以看出,所有的衍射峰都与六方纤锌矿结构的 ZnO 标准图谱(P63mc,JCPDS 36-1451)相对应。这三个样品的衍射峰对应的角度为 31.8°,34.5°,36.2°,47.6°,56.7°和 62.9°,同时也分别对应着(100),(002),(101),(102),(110),(103)晶面。在样品中没有其他的杂峰被探测到,表明所制备的样品为纯相的六方晶系纤锌矿结构。

图 2.1.2(a)和(b)为纳米颗粒的扫描电镜照片,从图中可以看出氧化锌纳米颗粒呈现出一种类似于子弹的形貌。从高倍率的放大照片可以看出这种纳米颗粒为

六方尖锥形的状态,直径为 150 ~ 250 nm,而长度为 500 nm ~ 1.5 μm。然而这些纳米颗粒团聚非常厉害,表明它们只有有限的表面面积。图 2.1.2(c)和(d)为 ZnO 纳米片的扫描电镜照片,从图中可以看出片状的 ZnO 均匀地分布着,没有任何其他形貌被发现。这些分散的纳米片拥有均匀的表面并且厚度在 50 nm 左右。

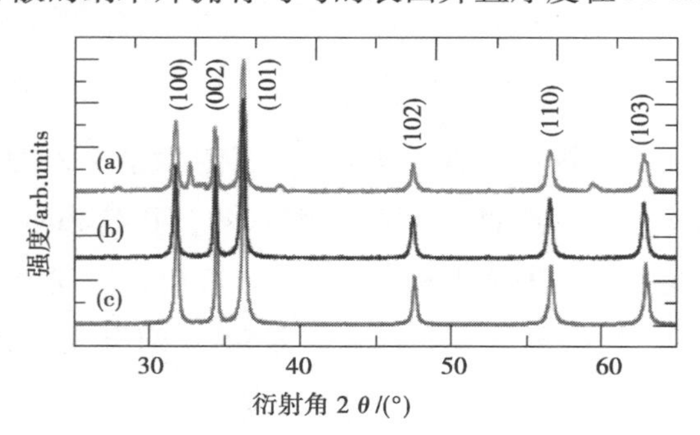

图 2.1.1　不同形貌的 ZnO 样品的 XRD 衍射图谱

[(a)为纳米花,(b)为纳米片,(c)为纳米颗粒]

(a)纳米颗粒　　(b)纳米颗粒(放大)

(c)纳米片　　(d)纳米片(放大)

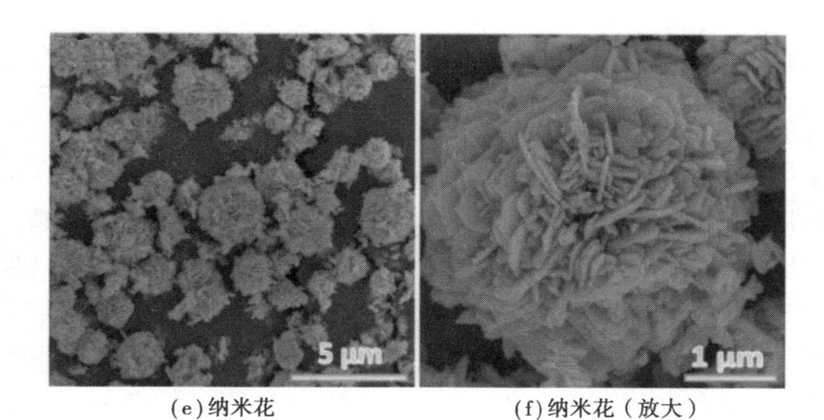

(e)纳米花　　(f)纳米花(放大)

图 2.1.2　不同形貌 ZnO 的扫描电镜照片

ZnO 纳米花的扫描电镜照片如图 2.1.2(e)和(f)所示,从图中可以看出很多花状结构的 ZnO 均匀地分布在导电胶上。这些“花瓣”是由很薄的 ZnO 纳米片整齐地组装成的花状结构。很明显,这些纳米薄片通过一种自组装方式一层一层地紧密堆积,形成了放射状的花状形貌,从而最终演变成了这种分层结构。进一步放大单个纳米花可以看出组成这些花的纳米片的厚度为 50 nm,花的直径为 3 μm 左右。这种独特的分层花状结构有很多的孔、间隙,可能会对提高气敏性能起到重要作用。

为了更加清楚地了解这三种样品的不同,我们对它们分别作了比表面积测试,并对它们的孔径分布及大小进行了分析。所有这些样品在测试前都在 400 ℃下加热 2 h。表 2.1.1 总结了这些测试数据,结果表明纳米花具有最大的比表面积和最多的孔径分布,并且孔的平均体积也最大,所有这些都归因于 ZnO 纳米花的分层多孔结构。

表 2.1.1　纳米颗粒、纳米片与纳米花的比表面积、平均孔径和孔容

样品	比表面积 /($m^2 \cdot g^{-1}$)	平均孔径 /nm	孔容 /($m^3 \cdot g^{-1}$)
纳米颗粒	2.8	4.1	0.02
纳米片	4.3	5.2	0.06
纳米花	5.7	6.4	0.09

2.1.4 气体传感性能与机理分析

对气敏传感器来说,温度是它的一个非常重要的参数,所以在图 2.1.3 中测试了三种采用纳米颗粒、纳米片和纳米花 ZnO 粉末制成的气敏传感器在 5×10^{-5} 乙醇气体中的最佳工作温度,温度为 200~500 ℃。这里,最佳工作温度指的是传感器在此温度下能获得对测试气体最高的灵敏度。纳米颗粒、纳米片和纳米花的最大灵敏度分别为 30.8,38.9 和 66.9,而它们所对应的最佳工作温度分别是 400 ℃,350 ℃和 350 ℃。从图 2.1.3 中可以看出,在这三种传感器中,用 ZnO 纳米花制成的气敏传感器几乎在所有的检测温度下都对乙醇气体具有最高的灵敏度,这就表明这种花状的形貌对提高气敏性能起到了很重要的作用。很明显,这种气敏性能的提高归因于这种独特的三维花状结构具有很高的比表面积,从而增加了对目标气体分子的吸附。

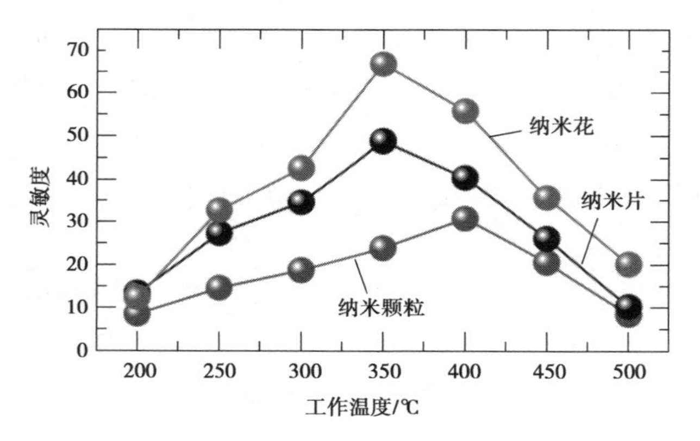

图 2.1.3 用纳米颗粒、纳米片和纳米花制备的气敏传感器在不同温度下对 5×10^{-5} 乙醇气体的灵敏度

接着我们测试了这三种气敏传感器在 350 ℃的工作温度下对 5×10^{-5} 乙醇气体的响应恢复时间,如图 2.1.4 所示。根据对响应恢复时间的定义,我们测得 ZnO 纳米颗粒的响应恢复时间为(7 s,15 s)、纳米片的响应恢复时间为(6 s,12 s)、纳米花的响应恢复时间为(6 s,8 s),因此在这三种传感器中,ZnO 纳米花对乙醇气体具有最短的响应恢复时间。这可能与 ZnO 纳米花的结构有关,在这种结构的内部具有很多能够促进气体分子分散流通的通道,从而促进了气体分子的吸附和脱附。

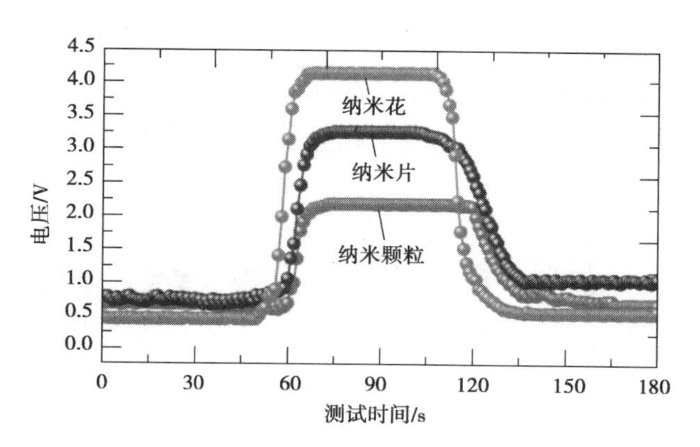

图2.1.4 用三种形貌的ZnO制成的气敏传感器在350 ℃的工作温度下对5×10^{-5}乙醇气体的响应恢复时间

除了灵敏度,我们研究了ZnO纳米花的选择性,探测了5种有机气体,它们分别是C_2H_5OH,CH_4,$(CH_3)_2CO$,NH_3和HCHO。图2.1.5为ZnO纳米花在350 ℃下对这5种有机气体的灵敏度,其中每种气体的浓度都为5×10^{-5}。我们发现该传感器对C_2H_5OH气体具有最高的灵敏度,其次是$(CH_3)_2CO$和CH_4,而对NH_3和HCHO几乎没有任何反应。ZnO纳米花对C_2H_5OH气体的灵敏度为73.3,而对其他气体的灵敏度不超过15。这就证明,ZnO纳米花对C_2H_5OH气体具有很好的选择性探测。

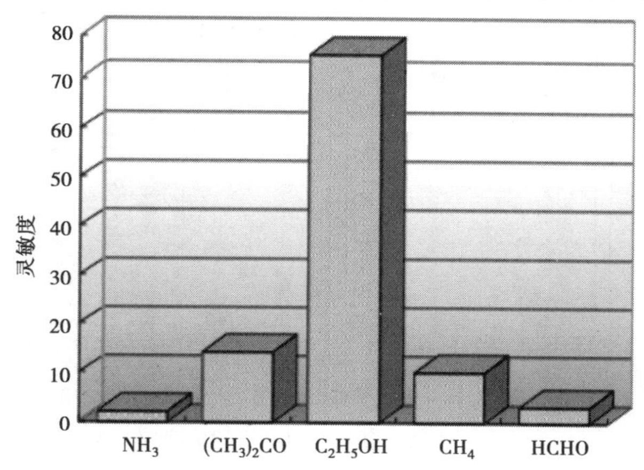

图2.1.5 用ZnO纳米花制备的气敏传感器在350 ℃的工作温度下对不同有机气体的灵敏度

为了进一步测试ZnO纳米花制备的传感器的重复性和稳定性。我们对该传感器进行了6次循环测试,如图2.1.6所示,它的响应恢复特征几乎可以重复,表明它具有很好的稳定性。图2.1.7为用ZnO纳米花制备的气敏传感器在350 ℃下对不

同浓度的 C_2H_5OH 气体的灵敏度，它的灵敏度在 $0 \sim 2\times10^{-4}$ 的浓度内增长很快，超过 2×10^{-4} 时，增长逐渐趋于缓慢，最终大约在 1×10^{-3} 达到饱和。另外，它在 $0 \sim 1\times10^{-4}$ 时，它的灵敏度几乎呈现直线增长，表明该传感器即使在较低的气体浓度下也有较好的气敏性能。

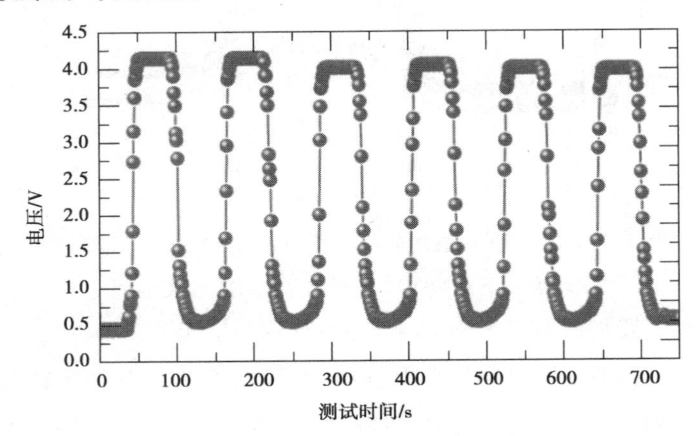

图 2.1.6　用 ZnO 纳米花制备的气敏传感器在 350 ℃的工作温度下对 5×10^{-5} C_2H_5OH 气体的 6 次响应恢复特征

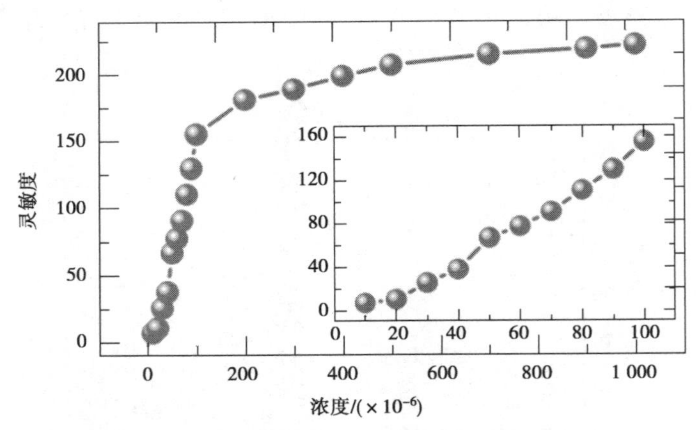

图 2.1.7　用 ZnO 纳米花制备的气敏传感器在 350 ℃的工作温度下对不同浓度 C_2H_5OH 气体的灵敏度

（插图中所示该传感器对较低浓度的 C_2H_5OH 气体灵敏度）

ZnO 纳米花较好的气敏性能能够用表面电荷模型来解释，即气敏元件置于不同的气体环境中时它的电阻会发生改变。当气敏元件放置于空气中加热到 100 ~ 200 ℃时，在空气中的氧分子就会吸附在 ZnO 表面，并进一步产生带电的氧分子

(式 2.1.1)。随着温度升高到 250 ~ 350 ℃,这些带电的氧分子通过从 ZnO 的导带中获得电子进一步离解成负一和负二价的氧负离子(式 2.1.2 和式 2.1.3),从而使得气敏元件的电阻升高。一旦将气敏元件置于还原性气体 C_2H_5OH 中,吸附在 ZnO 纳米花表面的氧负离子就会与乙醇气体分子发生反应,将电子归还于 ZnO 的导带中,从而使 ZnO 气敏元件的电阻降低。

$$O_{2(gas)}+e^- \rightleftharpoons O^-_{2(ads)} \tag{2.1.1}$$

$$\frac{1}{2}O_2+e^- \rightleftharpoons O^-_{(ads)} \tag{2.1.2}$$

$$\frac{1}{2}O_2+2e^- \rightleftharpoons O^{2-}_{(ads)} \tag{2.1.3}$$

$$CH_3CH_2OH_{(ads)}+O^-_{(ads)} \longrightarrow C_2H_4O+H_2O+2e^- \tag{2.1.4}$$

$$CH_3CH_2OH_{(ads)}+O^{2-}_{(ads)} \longrightarrow C_2H_4O+H_2O+2e^- \tag{2.1.5}$$

分层、多孔的 ZnO 纳米花的气敏性能的提高归因于该分层结构具有很多扩散通道,从而使得氧化锌能够更多地吸附空气中的氧气,则表面有更多的吸附氧。然而,对于制备的纳米颗粒,虽然它的颗粒尺寸很小,但是这些颗粒却由于范德华力的作用而团聚在一起。这种团聚使得材料内部的介孔变得非常微小甚至堵塞,不利于气体扩散而导致较长的响应恢复时间。相反,分层的花状结构则具有规整和均匀的孔和间隙,使气体分子能够顺畅地扩散,当元件置于还原性气氛中时,元件的导电态迅速发生转变。另外,这种由纳米片聚集的分层花状结构也具有较高的比表面积,进一步提高了它的气敏性能。

为了了解柠檬酸根离子对该纳米花状结构的作用,我们将不同浓度的柠檬酸钠添加到溶液中,保持其他实验条件不变,所得样品的高分辨的选区 SEM 照片如图 2.1.8 所示。

(a)0 mM

(b)1 mM

(c)5 mM (d)8 mM

(e)10 mM (f)15 mM

图2.1.8 不同浓度下的柠檬酸根离子对制备的 ZnO 样品形貌的影响

当溶液中没有添加柠檬酸钠时,样品中没有任何形貌或者分层结构产生[图2.1.8(a)]。但是当柠檬酸钠添加到溶液中时,即使是很小的浓度(1 mM),ZnO 纳米片也产生了,表明柠檬酸钠对控制氧化锌的形貌有着重要作用。进一步增加柠檬酸钠的浓度到 5 mM,开始出现 ZnO 纳米花状结构的雏形。当增加到 8 mM 时,较为均匀的花状结构产生了,但是这些花状结构比较疏松。当柠檬酸钠的浓度增加到 10 mM 时,均匀规整并且致密的 ZnO 纳米花状结构便出现了。然而,当柠檬酸钠的浓度增加到超过 15 mM 时,纳米花的堆积变得很混乱,产生了一种非常致密的球状结构,这表明只有在合适的浓度下,才能得到这种均匀、致密的分层花状结构。

根据以上分析，我们提出了该 ZnO 纳米花的一种可能的生长机理，如图 2.1.9 所示。当溶液中没有添加柠檬酸根离子时，溶液中的锌与氢氧根离子结合，形成 $Zn(OH)_2$ 前驱体和 $Zn(OH)_4^{2-}$ 生长基元。ZnO 是一种极性晶体，它的极性+(0001)面易于吸附 $Zn(OH)_4^{2-}$ 生长基元，从而使 ZnO 沿着极性方向生长。当少量的柠檬酸根离子加入时，这些柠檬酸根离子就倾向于吸附在该极性面上，从而抑制了 ZnO 的极性生长，得到了片状结构。当柠檬酸根离子的量逐渐增多，柠檬酸根离子会组合成一种螯合环状物，这些螯合环状物在水热反应时可以作为一种软模板，吸附溶液中的锌离子和生长基元到其周围，使生长基元在此形核，从而使得纳米片均匀地聚集起来，生成了分层的花状结构。而当柠檬酸根离子添加量过多时，产生了大量的螯合环状物，这些环状物交错堆积，吸引生长基元在此形核，产生了致密的花状结构甚至球状结构。

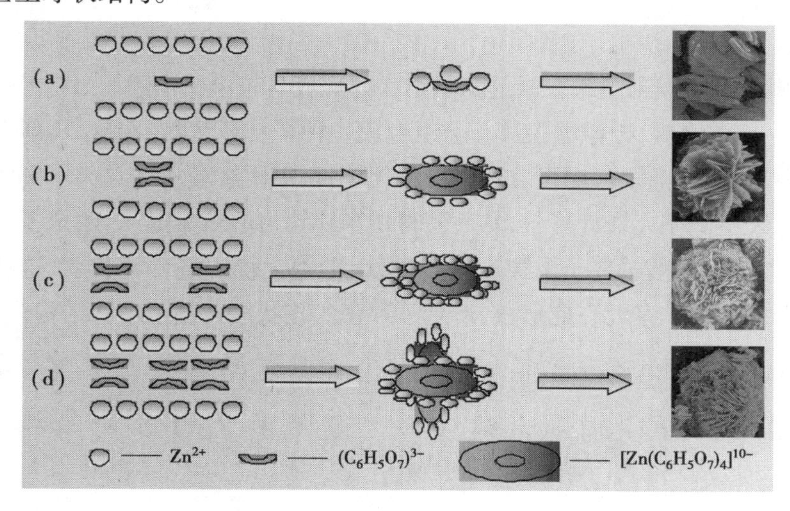

图 2.1.9　ZnO 形貌的演变机理

[从(a)到 (d)分别表示柠檬酸根离子浓度的升高]

2.1.5　小结

用简单的水热法制备了三种形貌的纳米 ZnO 晶体，分别是纳米颗粒、纳米片和纳米花，并以其为敏感材料制作了烧结型旁热式传感器。通过对比其气敏性能，发现花状的 ZnO 具有较好的气敏性能，并对花状结构的 ZnO 的生长机理进行了研究，得到了以下结论：

①采用简单的水热法制备了 ZnO 纳米颗粒、纳米片和纳米花，所有合成的 ZnO

晶体均为纯相的纤锌矿结构,结晶性良好。通过比表面积测试发现 ZnO 纳米花有最大的比表面积和孔径分布,而 ZnO 纳米颗粒则团聚严重。

②这种 ZnO 的纳米花是由 ZnO 纳米片一层一层有规律地堆叠而成的,纳米花的直径约为 3 μm,厚度为 50 nm。另外,这种纳米花具有一种分层结构,从而使它具有很多的孔和间隙。

③用这三种纳米晶体作为敏感材料制备了气敏传感器,其中 ZnO 纳米花对 C_2H_5OH 气体具有最好的气敏性能。花状结构的 ZnO 对 C_2H_5OH 气体的最佳工作温度为 350 ℃,对 5×10^{-5} C_2H_5OH 气体的灵敏度为 66.9,响应恢复时间为 6 s 和 12 s,并具有良好的选择性和循环稳定性。另外,花状结构的 ZnO 对浓度为 $1\times10^{-5}\sim1\times10^{-4}$ 的 C_2H_5OH 气体灵敏度呈直线上升趋势,表明它能够较为敏感地探测低浓度的 C_2H_5OH 气体,当 C_2H_5OH 气体的浓度接近 1×10^{-3} 时该传感器逐渐达到了饱和状态。

④柠檬酸钠离子对这种分层的花状结构的形成具有重要作用。当柠檬酸根离子的量达到一定浓度时,柠檬酸根离子会组合成一种螯合环状物$[Zn(C_6H_5O_7)_4]^{10-}$,这些螯合环状物在水热反应时可以作为一种软模板,吸附溶液中的锌离子和生长基元到其周围,使生长基元在此形核,从而使得纳米片均匀地聚集起来,生成了分层的花状结构。而当柠檬酸根离子添加量过多时,产生了大量的螯合环状物,这些环状物交错堆积,吸引生长基元在此形核,产生了致密的花状结构甚至球状结构。

2.2 PEG 辅助水热法合成聚集的 ZnO 花状结构

2.2.1 引言

本部分采用三种表面活性剂辅助水热法合成了三种不同形貌的 ZnO,分别是纳米片聚集的球、花和分层结构的花,其中采用表面活性剂 PEG 得到的花具有很高的比表面积,从而具有较高的气敏性能,并对该活性剂的作用作了简要分析。

2.2.2 实验

不同结构的 ZnO 是用简单水热法制备的。首先,将一定量的乙酸锌、柠檬酸钠和氢氧化钠溶解在去离子水中,磁力搅拌 30 min 得到了白色的悬浊溶液,并将该溶液平均分成三份。然后分别将三种不同的表明活性剂,HMT(六次甲基四胺)、CTAB(十二烷基溴化铵)和 PEG20000(聚乙二醇)加入以上溶液中搅拌 30 min 后转入高压反应釜,在 130 ℃的环境下水热 12 h,最后,反应结束后自然冷却到室温,经无水乙醇和去离子水多次离心分离、60 ℃空气气氛下干燥得到最终产物。对材料的晶相、形貌、结构的表征分析和气敏性质的测试与 2.1 节用的仪器和方法相同。

2.2.3　样品表征

样品的典型 XRD 衍射谱图如图 2.2.1 所示,虽然该样品是采用不同的活性剂辅助合成的,但是它们的 XRD 谱线几乎没有任何区别。从图中可以看出所有的衍射峰与六方晶相 ZnO 的标准谱图相符,而且从图中也没有观察到其他杂质的衍射峰存在,表明水热反应后得到的产物为纯相的六方纤锌矿晶系的 ZnO。

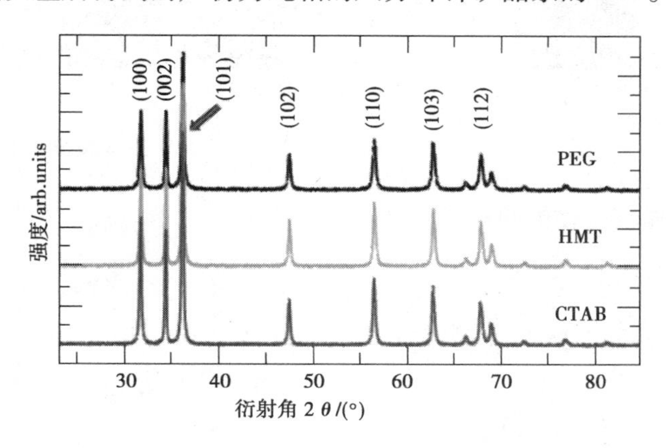

图 2.2.1　添加三种不同的表面活性剂得到的 ZnO 样品的 XRD 衍射图谱

图 2.2.2 为采用不同的表面活性剂制备的 ZnO 的 SEM 图片。从图中可以看出,采用 HMT 制备的 ZnO 呈球形,直径为 4 ~ 5 μm,它是由许多纳米片随机聚集在一起形成的。用 CTAB 制备的 ZnO 呈现类似于花状的结构,直径为 5 ~ 6.5 μm,高分辨照片表明这些花状结构是由 ZnO 纳米片混乱地堆叠在一起产生的团聚现象。当采用 PEG 作活性剂时,由纳米片整齐而规则地组装在一起的分层花状结构的 ZnO 出现了,直径为 6 ~ 7 μm。我们发现用 PEG 制备的 ZnO 与前面两种活性剂制备的 ZnO 形貌是有区别的,这些纳米片是相互垂直而交错生长的,呈现一定的规律性,从而具有很多的孔和间隙,可能会对提高气敏性能起到很好的作用。

(a) HMT (b) CTAB (c) PEG

(d) HMT(高分辨照片) (e) CTAB(高分辨照片) (f) PEG(高分辨照片)

图 2.2.2 添加三种不同的表面活性剂得到的 ZnO 样品的 SEM 照片

2.2.4 气体传感性能与机理分析

图 2.2.3 为采用三种不同的表面活性剂制备的气敏传感器在 250 ℃下对 5×10^{-5} C_2H_5OH 气体的气敏性能测试曲线。从图 2.2.3 可以看出,采用三种活性剂 PEG,HMT,CTAB 制备的 ZnO 气敏传感器的灵敏度分别为 22.6,7.1 和 5.4,对应的响应恢复时间分别是 6 s 和 15 s、10 s 和 18 s、12 s 和 20 s。这就表明采用 PEG 制备的分层花状结构的 ZnO 具有最好的气敏性能,这归因于它减少了纳米片的团聚现象并具有很多的孔和间隙,所有的这些特征使得被检测气体能够快速而有效地接触到样品表面,从而提高了传感器的气敏性能。

为了解柠檬酸钠和 PEG 对促进形成该分层花状结构形貌的作用,我们做了一系列的对比实验,如图 2.2.4 所示。当溶液中只有乙酸锌和氢氧化钠时,我们发现样品是由一些相互粘连在一起的 ZnO 纳米片组成的[图 2.2.4(a)],但是一旦添加柠檬酸钠,这些纳米片就会变得非常独立和分散[图 2.12 (d)]。同样,当溶液中有乙酸锌、氢氧化钠和 PEG 时,我们发现这些粘连的纳米片会产生聚集的现象,形成一种花状结构,这就表明 PEG 对该花状形貌的形成起到一定的作用。通过对比图 2.2.4 (b),(c),(e),(f),我们发现添加有柠檬酸钠的溶液获得的花状结构具有更多的间隙和孔。ZnO 是一种极性晶体,溶液中的生长基元倾向于吸附在这些极性晶面上并在此聚集形核，以获得最大的晶体表面积，从而降低它的表面能。柠檬酸钠能够吸附在这些表面上，抑制了极性面的聚集形核，从而形成了均匀而分散的 ZnO 纳米片（由于柠檬酸钠浓度较低，所以同 2.1 小节纳米花的形成机理分析类似）。

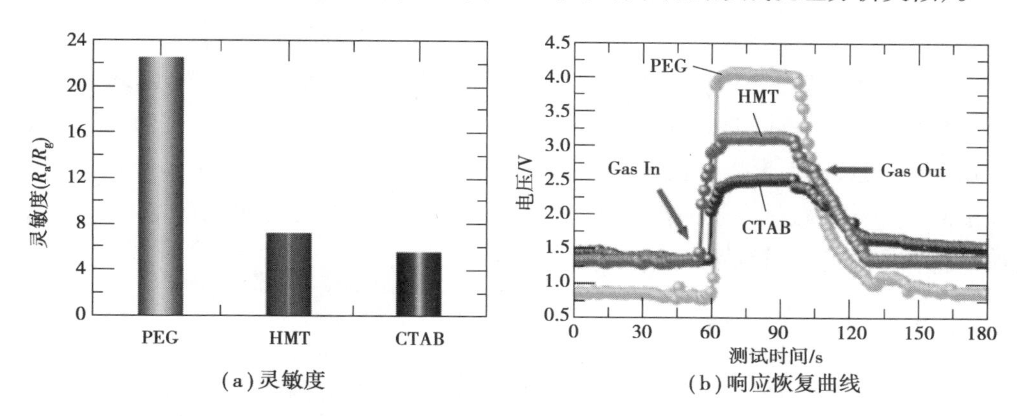

（a）灵敏度　（b）响应恢复曲线

图 2.2.3　采用三种不同的表面活性剂得到 ZnO 样品制成的气敏传感器在 250 ℃的工作温度下对 5×10^{-5} 的乙醇气体的灵敏度曲线和响应恢复曲线

（a）$Zn(CH_3COOH)_2\cdot 2H_2O$+NaOH　（b）$Zn(CH_3COOH)_2\cdot 2H_2O$+NaOH+PEG(5 μm)　（c）$Zn(CH_3COOH)_2\cdot 2H_2O$+NaOH+PEG(2 μm)

（d）$Zn(CH_3COOH)_2\cdot 2H_2O$+NaOH+$C_6H_5O_7Na_3\cdot 2H_2O$　（e）$Zn(CH_3COOH)_2\cdot 2H_2O$+NaOH+PEG+$C_6H_5O_7Na_3\cdot 2H_2O$(5 μm)　（f）$Zn(CH_3COOH)_2\cdot 2H_2O$+NaOH+PEG+$C_6H_5O_7Na_3\cdot 2H_2O$(2 μm)

图 2.2.4　采用不同试剂组合在 130 ℃水热 12 h 得到的 ZnO 样品形貌的 SEM 照片

当溶液中只有乙酸锌和氢氧化钠时,溶液中出现了不均匀的纳米片,这些纳米片混乱地堆叠在一起,没有特定的形貌[图 2.2.4(a)和(d)]。但是当溶液中添加 PEG 时,这些纳米片就能够自发地组装在一起,形成一种花状结构[图 2.2.4(b),(c),(e),(f)]。PEG 是一种长链状的非离子表面活性剂,在它的长链上有亲水基—O—和自由基—CH_2—CH_2—。由于 PEG 能很好地溶解在水中,因此在 PEG 上的大量亲水性氧能够和溶液中的锌离子结合,在水热条件下,大量的 ZnO 微晶就会在 PEG 的长链上形核并长大,这就为 ZnO 的生长提供了许多最初形核点。在氢氧根离子和柠檬酸根离子的作用下,这些 ZnO 微晶逐渐生长成片状的 ZnO,而由于 PEG 的聚集作用最终演变成分层的花状结构。

2.2.5 小结

我们分别用三种表面活性剂 HMT(六次甲基四胺)、CTABC(十二烷基溴化铵)和 PEG(聚乙二醇)辅助柠檬酸根离子合成了三种由纳米片聚集的球状、花状、分层的花状结构,对比了它们的气敏性能,并研究了柠檬酸钠和 PEG 对分层花状结构的形成作用,得到如下结论:

①球状、花状结构团聚比较严重,而分层的花状结构则是由 ZnO 纳米薄片纵横交错聚集在一起,具有更多的孔洞和间隙。

②用球状、花状和分层次花状的 ZnO 晶体制成的气敏传感器在 250 ℃的工作温度下对 5×10^{-5} 的乙醇气体的灵敏度分别为 5.4,7.1,22.6,响应恢复时间分别为 12 s 和 20 s、10 s 和 18 s、6 s 和 15 s。

③聚乙二醇和柠檬酸根离子对这种分层的花状结构的形成起到重要作用。柠檬酸根离子由于能够吸附在 ZnO 的(0001)面上,促成了均匀而分散的 ZnO 纳米片的生成,而 PEG 是一种长链状的非离子活性剂,在它的长链上有亲水基—O—和自由基—CH_2—CH_2—。由于 PEG 能很好地溶解在水中,因此在 PEG 上的大量亲水性氧能够和溶液中的锌离子结合,在水热条件下,大量的 ZnO 微晶就会在 PEG 的长链上形核并长大,这就为 ZnO 的生长提供了许多的形核点。在氢氧根离子和柠檬酸根离子的作用下,这些 ZnO 微晶逐渐生长成片状的 ZnO,而由于 PEG 的聚集作用最终演变成了分层的花状结构。

2.3　HMT 辅助水热法合成不同形貌的 ZnO 及气敏性能研究

2.3.1　引言

在本节中我们采用 HMT 辅助水热法合成了不同形貌的 ZnO。这里 HMT 作为一种表面活性剂影响 ZnO 的生长，而改变不同的 HMT 浓度的时候就能得到不同形貌的 ZnO 晶体。我们发现沙漏状的 ZnO 晶体具有较好的气敏性能，这是因为它具有很多富含 Zn 的(0001)晶面，能够吸附更多的氧离子从而提高了晶体的气敏性能。

2.3.2　实验

所有的试剂均为分析纯。典型的实验步骤为：将乙酸锌(30 mM)和尿素(30 mM)均匀地混合在一定量的去离子水溶液中，磁力搅拌 30 min，得到澄清溶液，将此混合溶液配制四份。然后分别将 0 mM，5 mM，20 mM，30 mM 的 HMT 加入以上四份溶液中，搅拌 30 min 后转入高压反应釜。接着在 120 ℃下水热处理 13 h，反应结束后随炉冷却到室温，经无水乙醇和去离子水多次离心分离，60 ℃空气气氛下干燥得到最终产物。对材料的晶相、形貌、结构的表征分析和气敏性质的测试与 2.1 节的仪器和方法相同。

2.3.3　样品表征

图 2.3.1 是得到的样品的典型 XRD 图谱。所有的衍射峰都与六方纤锌矿晶型的 ZnO 标准卡片(空间群 P63mc，JCPDS 卡，编号 No. 36-1451)匹配得很好。我们没有发现任何第二相或者杂质峰出现，表明我们制备的 ZnO 是纯相的六方纤锌矿结构。另外，我们发现所有的衍射峰都非常尖锐，表明我们制备的 ZnO 样品结晶性较好。

图 2.3.2 是当添加不同量的 HMT 时样品的形貌变化。当溶液中没有 HMT 时，我们得到了棒状结构的 ZnO，从高分辨照片看出，它们呈现出规则的六棱柱形状[图 2.3.2(a)]；然而当 5 mM 的 HMT 加入时，我们得到了手榴弹状的 ZnO，它是由两个直径不同的六棱柱构成的，有趣的是小直径的六棱柱生长在大直径六棱柱的一个底面上[图 2.3.2(b)]；10 mM 的 HMT 加入时，我们同样得到了手榴弹状的 ZnO，但是

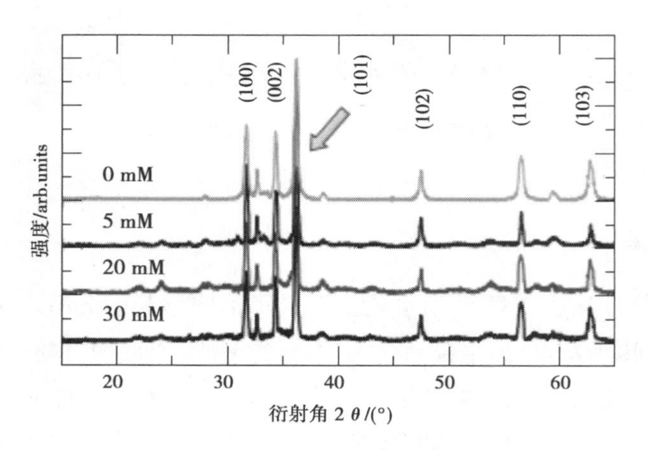

图 2.3.1　添加不同量的六次甲基四胺时
得到的 ZnO 样品的 XRD 衍射谱图

一些纳米颗粒在大六棱柱的一个侧面长出来[图 2.3.2(c)];进一步增加 HMT 的浓度到 20 mM,在大六棱柱上的纳米颗粒开始沿着它的侧面长大变长并演变成了纳米棒,这种结构看起来像一把刷子[图 2.3.2(d)];随着 HMT 的浓度增加到 25 mM,一些纳米颗粒和纳米棒开始在两个棱柱的侧面上生长[图 2.3.2(e)];当 HMT 的浓度增加到 30 mM 时,越来越多的纳米颗粒和纳米棒开始在两个棱柱的侧面上生长,并且大部分的纳米颗粒都已经生长成了规则的纳米小棒,它们几乎将两个六棱柱的侧面全部覆盖,形成了类似于沙漏状的结构[图 2.3.2(f)]。

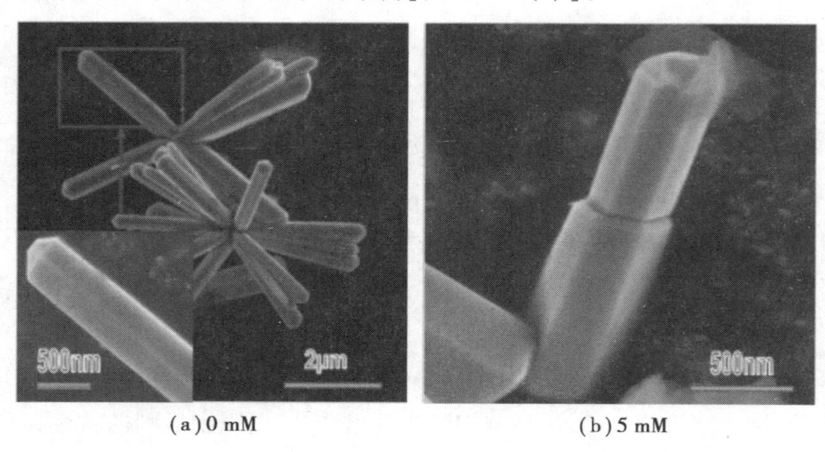

(a) 0 mM　　(b) 5 mM

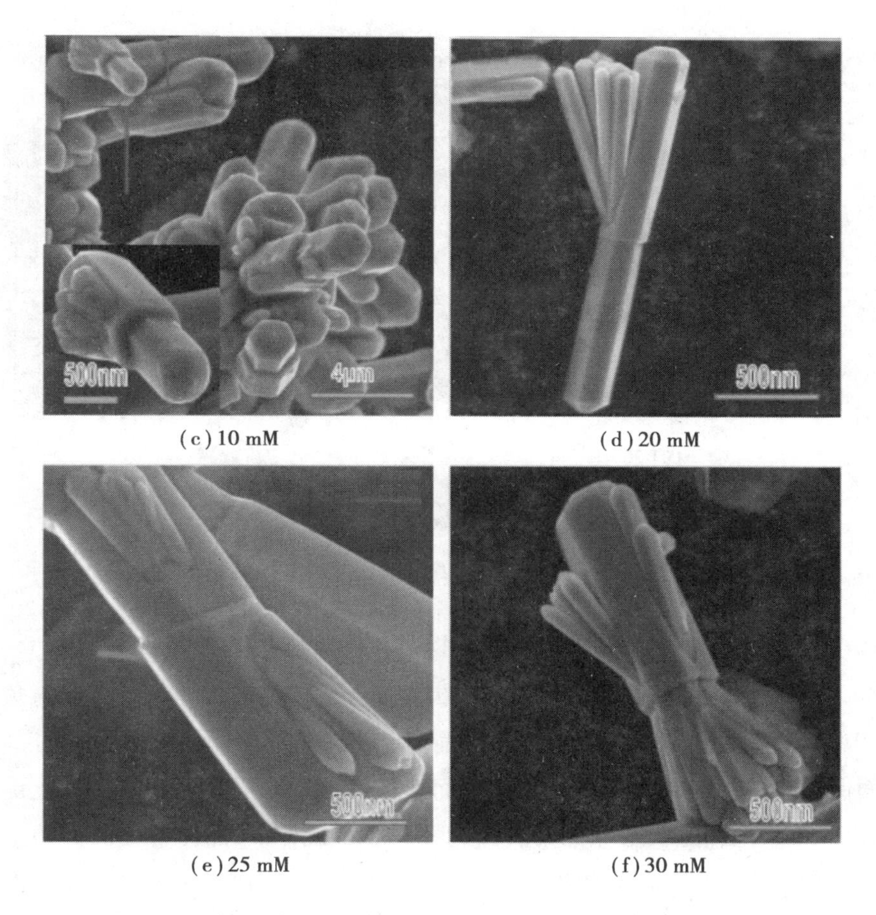

(c) 10 mM　　(d) 20 mM

(e) 25 mM　　(f) 30 mM

图 2.3.2　添加不同量的六次甲基四胺时得到的 ZnO 样品的 SEM 照片

2.3.4　生长机理

通过以上的实验结果，我们对该 ZnO 晶体的形貌演变提出了一种可能的生长机理，如图 2.3.3 所示。在该溶液体系中，发生的反应有：

$$H_2NCONH_2+H_2O \rightleftharpoons 2NH_3+CO_2$$

$$NH_3+H_2O \rightleftharpoons NH_3 \cdot H_2O \rightleftharpoons NH_4^+ +OH^-$$

$$Zn^{2}+2OH^- \rightleftharpoons Zn(OH)_2\downarrow \xrightleftharpoons{2OH^-} Zn(OH)_4^{2-} \xrightleftharpoons{\triangle} ZnO+H_2O$$

$$(CH_2)_6N_4+4H_2O \rightleftharpoons (CH_2)_6N_4—4H^+ +4OH^-$$

$$(CH_2)_6N_4+6H_2O \rightleftharpoons 4NH_3+6HCHO$$

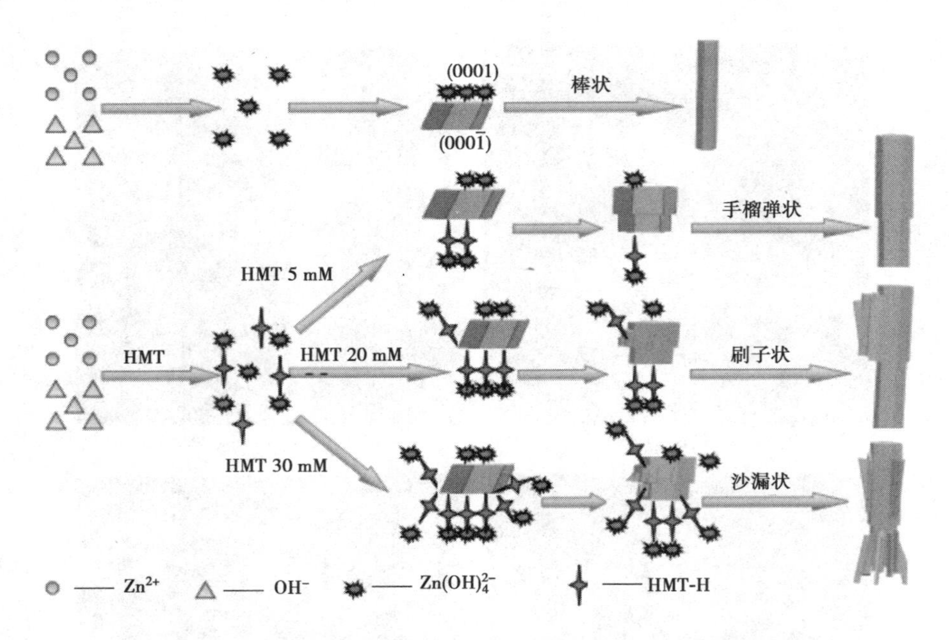

图 2.3.3　棒状、手榴弹状、刷子状、沙漏状 ZnO 的形貌演变机理图

ZnO 是一种极性晶体,有极性面和非极性面。它典型的晶体习性有富氧负极性面(000$\bar{1}$)、富锌的正极性面(0001)和平行于 C 轴的非极性低指数面{10$\bar{1}$0}。由于其表面偶极子沿着 C 轴方向自发极化从而使极性面比非极性面在热力学上更加不稳定,因此常常重新生长来降低其表面能。一般来说,ZnO 晶体各个晶面的生长速率为 $v(0001)>v\{\bar{1}01\bar{1}\}>v\{\bar{1}010\}>v\{\bar{1}011\}>v(000\bar{1})$。因此,在没有表面活性剂控制的条件下,(0001)面具有最高的表面能,从而比其他的晶面具有更高的生长速率。在溶液合成系统中,尿素起到一个调节 pH 值的作用,当它在一定的温度下加热时会发生水解,从而缓慢地释放出 OH^-,这些 OH^- 与锌离子结合形成生长基元 $Zn(OH)_4^{2-}$,这些生长基元聚集在一起形成前驱体 $Zn(OH)_2$,在一定的条件下加热就转变成 ZnO。当溶液中没有添加 HMT 的时候,生长基元 $Zn(OH)_4^{2-}$ 就倾向于吸附在富锌的正极性面上并沿着(0001)方向生长,便产生了棒状结构的 ZnO。然而,HMT 在水溶液中也会水解并形成 $(CH_2)_6N_4—4H^+$(HMT-H4),带有四个正电荷。通过库仑力的作用,这些 HMT-H4 离子将会垂直地吸附于 ZnO 的负极性面(000$\bar{1}$)上。同时,HMT-H4 离子也会吸附生长基元 $Zn(OH)^{2-}$,因此就会在六棱柱状 ZnO 棒的负极性面上长出一个“芽孢”。随着反应时间的延长,该“芽孢”逐渐长大形成了另外一个小直径的六棱柱,因而我们获得了手榴弹状的 ZnO。进一步增加 HMT 的浓度,

更多的 HMT-H4 离子就会吸附于 ZnO 的负极性面$(000\bar{1})$上，由于同性电荷间的排斥力作用，一些吸附在负极性$(000\bar{1})$面的 HMT-H4 离子被排斥到负极性面的边缘，这样有些生长基元就被吸附到极性$(000\bar{1})$面的边缘聚集生长。但是，由于电荷排斥力的作用和为了减少表面能，这些生长基元不会全部都沿着负极性面聚集生长，有的则从边缘逐渐蔓延到六棱柱的一个侧面进行生长并转变成棒状。最终这些较小的纳米棒逐渐变大变长，覆盖了六棱柱的侧面，便形成了类似于刷子状的 ZnO。进一步增加 HMT 的浓度，越来越多的 HMT-H4 离子吸附在负极性面上，很多二次生长的纳米棒在极性面和侧面生长，最终便形成了沙漏状结构的 ZnO。

2.3.5　气体传感器性能

我们将不同形貌的 ZnO 晶体制备成气敏元件，在 350 ℃下对 5×10^{-5} C_2H_5OH 气体进行气敏性能测试。从图 2.3.4 中可以很明显地看出不同形貌的 ZnO 晶体的气敏性能是不同的。响应恢复时间分别为：沙漏状（3 s，6 s）、刷子状（5 s，15 s）、手榴弹状（6 s，11 s）和棒状（8 s，12 s），而相应的灵敏度分别是：72.5，59.6，29.7，18.4。

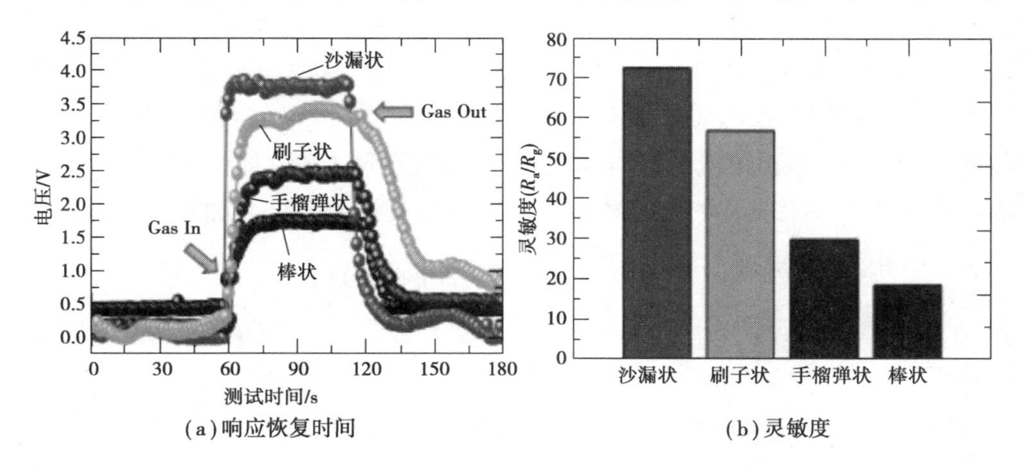

(a)响应恢复时间　　(b)灵敏度

图 2.3.4　不同形貌的 ZnO 晶体的气敏性能

ZnO 晶体的气敏性能的产生是由电阻的变化引起的，而这主要是由 ZnO 表面的吸附氧离子(O^-, O_2^-, O^{2-})来控制。当 ZnO 晶体暴露于空气中时会吸附空气中的氧气分子到它的晶体表面并将其转变成氧离子。化学吸附的平衡会在其表面产生电子耗尽层，从而增加了样品的电阻。当 ZnO 置于目标气体中时，气体分子会与吸附的氧离子发生反应并释放出俘获的电子到 ZnO 的导带中，从而使电阻降低。因此，氧吸附对气敏传感器的性能起到重要的作用。

ZnO 是一种极性晶体，正极性面（0001）富集锌而负极性面（$000\bar{1}$）富集氧，{$10\bar{1}0$}面由于含有等量的锌离子和阳离子而没有极性。Po-Liang Liu 指出氧富集的（$000\bar{1}$）极性面比锌富集的（0001）极性面更加稳定。这就表明氧富集的（$000\bar{1}$）ZnO 极性面是一种化学惰性面，在空气中几乎不会与氧分子发生反应。锌富集的（0001）极性面具有很高的表面能，能够吸附空气中的氧分子产生化学反应，同时这也是由于（0001）极性面富含大量的锌离子从而能够吸附大量的氧。Kuang 等也指出 ZnO 各个晶面的气敏性能和光催化活性效率依次为（0001）＞{$10\bar{1}0$}＞{$10\bar{1}1$}＞（$000\bar{1}$）。因此，我们可以通过控制 ZnO 的表明晶体形貌使更多的活性面参与反应来提高材料的气敏性能。在我们所制备的样品中，沙漏状的 ZnO 晶体与其他形貌的 ZnO 晶体相比具有更多富含锌的（0001）极性面，能够吸附更多的氧，从而获得最好的气敏性能。

我们对沙漏状的 ZnO 晶体的气敏性能进行了进一步研究。图 2.3.5（a）是该 ZnO 气敏传感器在 200 ~ 500 ℃时对 5×10^{-5} 乙醇的响应恢复时间，从图中可以看出，该晶体的最佳工作温度在 350 ℃，有较短的响应恢复时间（3 s，6 s），灵敏度为 72.5［2.3.5（b）］。在对它进行循环测试的时候，它的响应恢复特性几乎没有发生任何改变，表明该晶体具有良好的稳定性［2.3.5（c）］。最后，我们对它在 350 ℃时进行了不同气体的检测，包括氨气（NH_3）、一氧化碳（CO）、乙醇（C_2H_5OH）、甲烷（CH_4）和甲醛（HCHO），气体浓度均为 5×10^{-5}。我们发现在这 5 种气体中，它对乙醇的灵敏度为 72.5，对其他气体的灵敏度不超过 11，从而表明该晶体对乙醇气体具有很好的选择性检测［2.3.5（d）］。

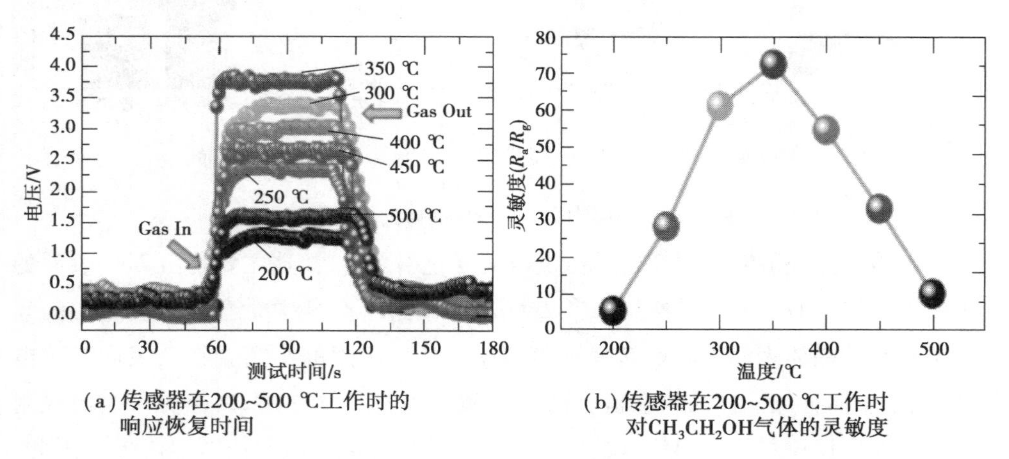

（a）传感器在200~500 ℃工作时的响应恢复时间

（b）传感器在200~500 ℃工作时对CH_3CH_2OH气体的灵敏度

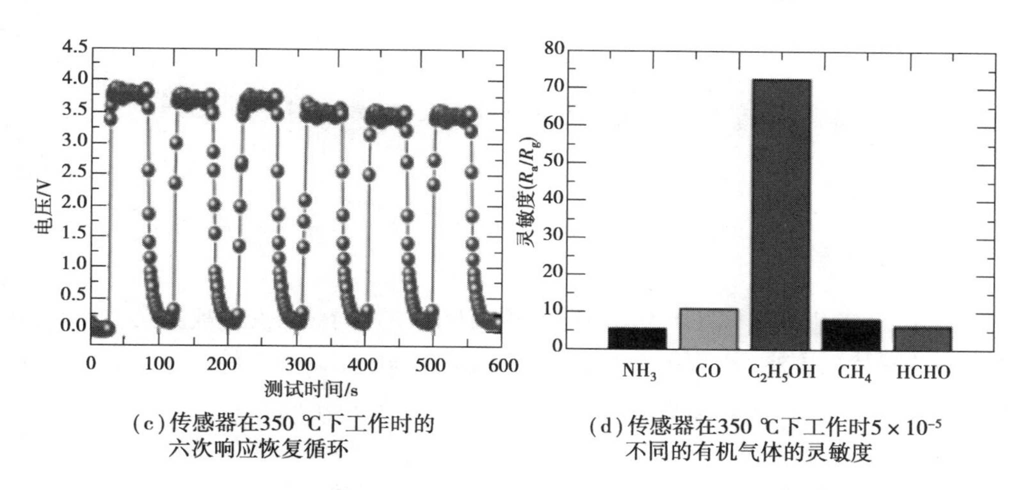

(c)传感器在350 ℃下工作时的六次响应恢复循环

(d)传感器在350 ℃下工作时5×10^{-5}不同的有机气体的灵敏度

图 2.3.5　用沙漏状 ZnO 晶体制成的气敏传感器对 5×10^{-5} CH_3CH_2OH 气体的气敏性能

2.3.6　小结

我们用水热法制备了一种由 ZnO 纳米棒聚集的分层结构，研究了六次甲基四胺的添加量对 ZnO 形貌的影响，并对其可能的生长机理进行了探讨，气敏测试表明纳米棒聚集的沙漏状 ZnO 具有较好的气敏性能。

①我们通过尿素辅助六次甲基四胺用简单水热法得到了棒状、手榴弹状、刷子状和沙漏状的晶体结构。这些晶体结构均由 ZnO 纳米棒组成，而改变六次甲基四胺的浓度则可以分别得到这些纳米晶体。

②在该溶液合成系统中，尿素起调节 pH 值的作用，当它在一定的温度下加热时会发生水解，从而缓慢地释放出 OH^-，这些 OH^- 与锌离子结合形成生长基元 $Zn(OH)_4^{2-}$。HMT 在水溶液中也会水解并形成 HMT-H4 离子，带有四个正电荷。库仑力的作用使 HMT-H4 离子将会垂直地吸附于 ZnO 的负极性面($000\bar{1}$)上，并吸附生长基元 $Zn(OH)_4^{2-}$，随着浓度的增加来控制晶体的形貌。

③在这四种晶体结构中，沙漏状的 ZnO 具有最好的气敏性能，灵敏度为 72.5，响应恢复时间为 3 s 和 6 s 并具有优良的选择性和循环稳定性。这是因为沙漏状的 ZnO 拥有较多富含锌的(0001)极性面，从而能够更多地吸附空气中的氧，拥有更好的气敏性能。

2.4 超薄 ZnO 纳米片的制备及气敏性能研究

2.4.1 引言

近年来,多孔纳米材料作为新的研究领域激起了人们极大的兴趣。除了具备纳米材料的独特性质外,多孔结构也赋予了它们潜在的应用。与光滑实心的纳米材料相比,其拥有大的活性比表面积(内外表面皆可参与外界作用的能力),且气体具有可通过多孔结构自由扩散等优点,使多孔纳米材料在气体传感器领域有着良好的应用前景。目前,多孔氧化物纳米材料的气敏性研究也相对较多。

本节采用水热法制备了超薄、多孔的 ZnO 纳米片和多孔的 ZnO 微球,它们均是从 ZHC 前驱体焙烧转变而来的。研究了合成条件的变化对产物尺寸和形貌的影响,揭示了多孔 ZnO 微球的生长机理,并研究了超薄、多孔的 ZnO 纳米片和多孔的 ZnO 微球分别对 CH_3CH_2OH 等气体的敏感特性,初步探索了形貌与敏感特性之间的联系。

有报道指出,当气敏材料的尺寸达到 15 nm 时,材料的气敏性能将会得到非常显著的提高。在本节中,我们采用简单水热法首先制备出一种 ZHC 前驱体纳米片,然后将其在高温下焙烧,得到了一种厚度只有 12 ~ 13 nm 的超薄纳米片。我们对这种超薄纳米片进行了气敏性能测试,发现它具有较好的气敏性能。

2.4.2 实验

这种超薄纳米片是通过水热法制备的。典型的实验过程为,首先将 1 mM 的二水合乙酸锌[$Zn(CH_3COO)_2 \cdot 2H_2O$],2 mM 的尿素[$CO(NH_2)_2$],0.5 g 的聚乙烯吡咯烷酮(PVP)分别溶解到一定量的去离子水中,然后用磁力搅拌器搅拌 30 min 后得到澄清溶液。最后将该溶液转入高压反应釜中浸泡 120 ℃热水 8 h 后再随炉冷却到室温。收集到的沉淀用去离子水和乙醇多次离心分离,最后在 60 ℃空气气氛下烘干得到该 ZHC 前驱体产物。然后将该 ZHC 前驱体转入坩埚中,在 400 ℃的马弗炉中焙烧 1 h 得到最终产物。

2.4.3 结果与讨论

图 2.4.1 所示为制备 ZHC 前驱体和焙烧后产物的 XRD 衍射图谱,我们可以发

现它们的 XRD 图谱是完全不同的。前驱体是一种单斜晶的碳酸锌的氢氧化合物，简称 ZHC，化学组成为[$Zn_4(CO_3)(OH)_6$]（JCPDS 19-1458）。当这种 ZHC 前驱体在 400 ℃焙烧之后，它就完全转变成了标准的六方纤锌矿结构的 ZnO（空间群：P63mc；JCPDS 36-1451）。另外，我们发现转变后的 ZnO 的 XRD 衍射峰非常尖锐，表明转变之后的结晶性良好。

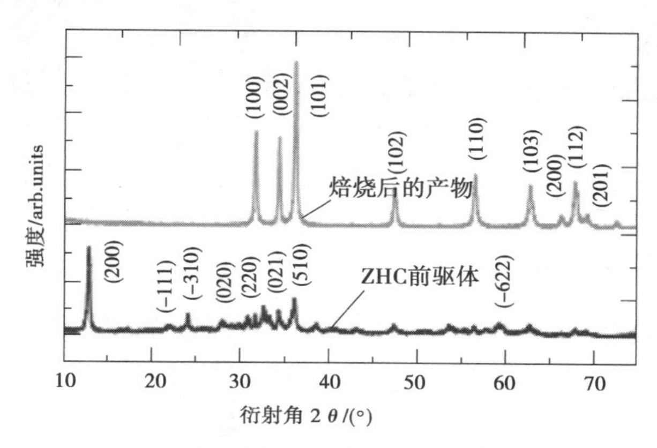

图 2.4.1　制备的 ZHC 前驱体和焙烧后的产物的 XRD 衍射图谱

图 2.4.2 为制备的 ZHC 前驱体和焙烧后的产物的 SEM 照片。从图 2.4.2(a)可以看出该 ZHC 前驱体的厚度平均在 10～13 nm，制备的 ZHC 前驱体是一种片状结构，但是它们的表面非常粗糙[图 2.4.2(b)和(c)]。这些 ZHC 前驱体的纳米片大部分都混乱地堆叠在一起甚至发生了扭曲，使它们的团聚现象很严重。ZHC 前驱体在 400 ℃焙烧后的 SEM 电镜照片如图 2.4.2(d)、(e) 和(f)所示，可以看出这种片状结构没有发生太大的破坏，厚度仍然为 10～13 nm。但是与 ZHC 前驱体不同的是，这些焙烧后的纳米片变得更加分散，相连的纳米片也在焙烧后断开了。更有趣的是，在这些纳米片上出现了很多孔洞和一些网状结构，这可能是因为焙烧时将前驱体中的 H_2O 和 CO_2 分解出去了。

(a) ZHC前驱体1

(b) ZHC前驱体2

(c) ZHC前驱体3

(d)焙烧后的ZHC前躯体1

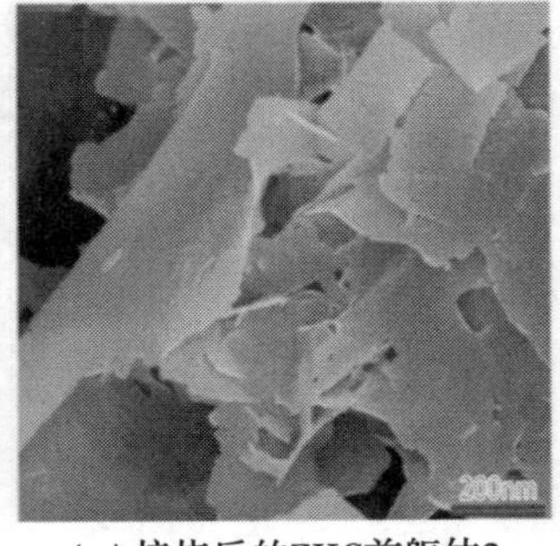

(e)焙烧后的ZHC前躯体2

(f)焙烧后的ZHC前躯体3

图 2.4.2　ZHC 前躯体的 SEM 照片和焙烧后的 ZHC 前躯体的 SEM 照片

2.4.4　气敏传感器性能

气敏传感器都有一个最优化的工作温度,只有在该温度下传感器才能发挥出最好的气敏性能,这是因为在较低温度时检测气体没有足够的活化能与材料表面的吸附氧发生化学反应。但是如果温度太高,材料的表面又不会吸附足够的吸附氧,所以优化温度的选择是非常重要的。图 2.4.3(a)为该 ZnO 纳米片制成的气敏传感器在 200～500 ℃的工作温度下对 5×10^{-5} 的乙醇气体的灵敏度的变化情况。从图中可以看出,该传感器在 300 ℃时具有最高的灵敏度 62.9,然而当温度超过 300 ℃时灵敏度就会降低。传感器的灵敏度也与气体的浓度有关,图 2.4.3(b)为该 ZnO 纳米片制成的气敏传感器在 300 ℃优化工作温度下对不同浓度乙醇气体的灵敏度,结果表明,该传感器对乙醇具有很宽的探测范围,为 5×10^{-6}～1×10^{-3}。当乙醇气体的浓度范围为 5×10^{-6}～2×10^{-4} 时,传感器的灵敏度随着浓度的增加呈直线上升,然而当气体的浓度超过 2×10^{-4} 时,灵敏度的增加逐渐缓慢下来。该传感器最终在 8×10^{-4} 的乙醇气体中达到饱和状态。

响应恢复时间也是气敏传感器的一个重要参数。图 2.4.4(a)为该 ZnO 纳米片制成的气敏传感器在 300 ℃的工作温度下对 5×10^{-5} 乙醇气体的响应恢复时间。从图中可以看出,该传感器具有较快的响应恢复过程,它的响应时间和恢复时间分别为 4 s 和 9 s。图 2.4.4(b)为该 ZnO 纳米片制成的气敏传感器在 300 ℃的工作温度下对不同浓度乙醇气体的响应恢复时间。该传感器对 5×10^{-6},1×10^{-5},2×10^{-5},4×10^{-5},5×10^{-5} 和 1×10^{-4} 的乙醇气体浓度的灵敏度分别为 2.4,6.6,22,49.6,62.9 和 108.2,并且该传感器的响应恢复时间不会超过 6 s 和 10 s。这种迅速的响应恢复特征归因于该纳米片具有的网状和多孔结构,能够使气体很快地在该纳米片的表面弥散开来并进入下层的纳米片，能够与更多的吸附氧反应，从而提高了灵敏度和缩短了响应恢复时间。

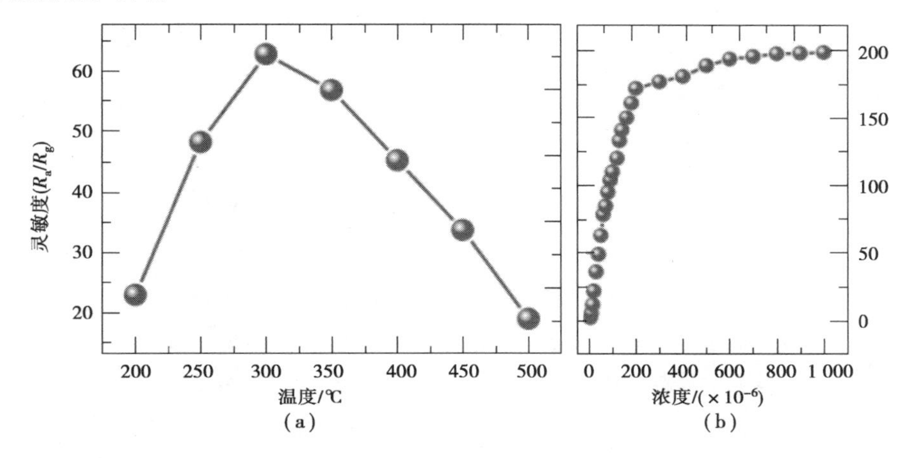

图 2.4.3　ZnO 纳米片制成的气敏传感器对乙醇气体的灵敏度

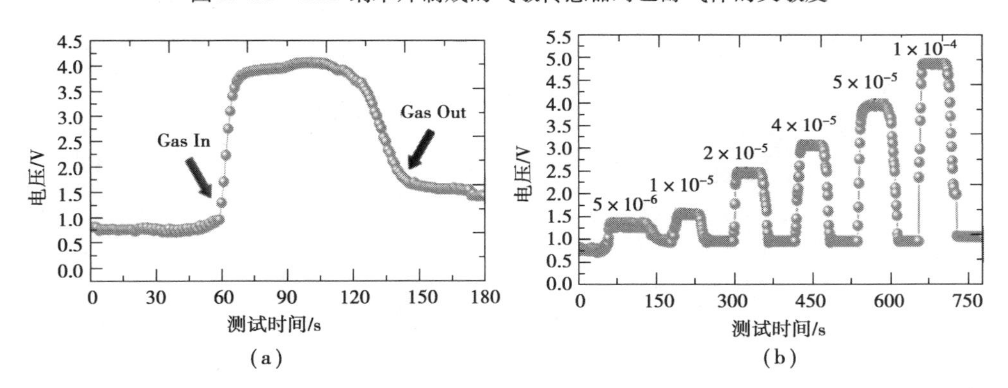

图 2.4.4　ZnO 纳米片制成的气敏传感器在 300 ℃的工作温度下对不同浓度的乙醇气体的响应恢复时间

图 2.4.5 为该 ZnO 纳米片制成的气敏传感器在 300 ℃的工作温度下对 5×10^{-5} 的各种有机气体的灵敏度，包括甲烷（CH_4）、氨气（NH_3）、乙醇（C_2H_5OH）、甲醛（HCHO）、甲醇（CH_3OH）、一氧化碳（CO）、氢气（H_2）、乙炔（C_2H_2）和硫化氢（H_2S）。从图中可以看出该传感器对甲醛、甲醇、一氧化碳、氢气和硫化氢有很小的灵敏度，没有一个超过 15，对甲烷、氨气和乙炔几乎没有灵敏度，而对乙醇的灵敏度高达 62.9，由此可知，该传感器在这些有机气体中对乙醇具有选择性探测作用。

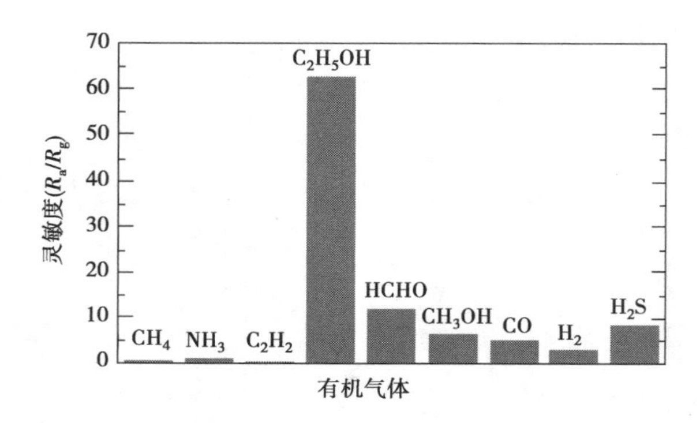

图 2.4.5　ZnO 纳米片制成的气敏传感器在 300 ℃的工作温度下对 5×10^{-5} 的各种有机气体的灵敏度

我们对该气敏传感器的稳定性也进行了检测,如图 2.4.6 所示,该传感器在老化了 60 d 后仍然对乙醇气体有较好的灵敏度,虽然灵敏度有所波动但是一直保持在 60 d 左右,表明该传感器具有较好的稳定性。

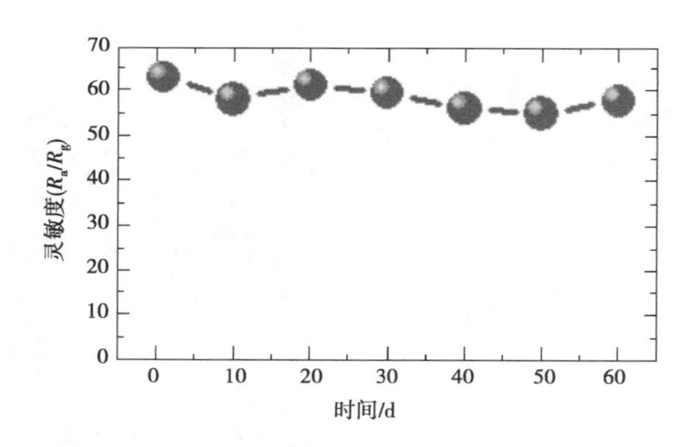

图 2.4.6　ZnO 纳米片制成的气敏传感器在 300 ℃的工作温度下对 5×10^{-5} 的乙醇气体灵敏度的稳定性

2.4.5　气敏机理

ZnO 是一种 N 型半导体,当它在空气中时会吸收空气中的氧并在其表面形成化学吸附氧 O_2^-,O^{2-}和 O^-,从而使它有较高的电阻态。这些表面吸附氧产生表面德拜电子层,使得它的表面禁带产生了弯曲从而使得电阻升高。一旦将其放入还原性气体中,这些气体分子就会与表面吸附氧产生化学反应,将俘获的电子归还于 ZnO 的导带中。这个过程使 ZnO 的电子浓度得到了升高,从而使它的电导率得到了升高,降低了电阻。根据文献所报道的,金属氧化物的灵敏度与材料的尺寸有很大的关系，当这些材料的尺寸接近德拜长度时它的灵敏度会得到显著提高。根据晶界控制模型，ZnO 在 325 ℃的工作温度时，它的德拜长度为 $2L_D=15$ nm，由于该超薄 ZnO 纳米片的厚度仅为 10～13 nm，这就是说它在空气中时尺寸非常接近德拜电子层的长度，从而使得它具有最大的电阻。而当它被放入还原性气体中时，通过吸附氧俘获的电子又归还到 ZnO 的导带中，引起了电阻的强烈改变，从而得到了很大的电阻比，因而拥有很高的灵敏度。

另一方面，由于气敏材料涂层的电阻主要是由纳米材料间的接触电阻引起的，因此材料间的接触方式对电阻也有重要的影响。对纳米棒或者纳米线来说，它们之间的接触只是点与点之间的接触，从而具有很小的接触面积。Kolmakov 和他的团队证实了通过增加接触点可以增加二氧化锡纳米线的灵敏度。对于 ZnO 纳米片传感器而言，由于材料都是由超薄的纳米片组成的，所以它们之间的接触为面与面之间的接触，从而接触面积较大能够提供更多的活化点来吸附空气中的氧气和还原性气体分子，进一步提高了材料的灵敏度。

2.4.6　小结

①我们采用水热法制备了一种厚度只有 10～13 nm 的超薄 ZnO 纳米片，这种厚度非常接近 ZnO 在 250 ℃时的德拜长度值 15 nm，因此它在空气中会形成德拜电子层，使它在空气中时能达到最大的本征电阻。

②这种超薄的纳米片由 ZHC 前驱体[$Zn_4(OH)_6CO_3$] 焙烧后转变而来，焙烧后的前驱体纳米片变得更加分散，相连的纳米片也在焙烧后断开了。更有趣的是在这些纳米片上出现了很多孔洞和一些网状结构，这可能是由于焙烧时前驱体中的 H_2O 和 CO_2 被分解出去了。

③以这种超薄的 ZnO 纳米片制备的旁热式气敏传感器在 300 ℃的优化温度下对 5×10^{-5} 乙醇的灵敏度为 62.9，响应恢复时间为 4 s 和 9 s，并具有良好的选择性和稳定性。

2.5　多孔 ZnO 微球的水热制备及气敏性能研究

2.5.1　引言

拥有分层或者多孔结构的纳米材料通常具有很高的比表面积，从而拥有很好的气敏性能。在本节中我们采用水热法制备了 $Zn_4(OH)_6CO_3 \cdot H_2O$（ZHC）微球，然后将其在 450 ℃进行焙烧得到了一种多孔的 ZnO 微球。我们研究了该 ZnO 微球的生长机理，并对多孔的 ZnO 微球进行了气敏性能测试，初步探索了它的形貌与敏感特性之间的联系。

2.5.2　实验

在典型的水热过程中，首先将 1 mM 的二水合乙酸锌[$Zn(CH_3COO)_2) \cdot 2H_2O$]，1 mM 的尿素[$CO(NH_2)_2$]和 0.3 mL 的单乙醇胺（MEA）溶解到 40 mL 的去离子水中，然后用磁力搅拌器搅拌 1 h 之后得到澄清的溶液。最后将该溶液转入高压反应釜中经 120 ℃水热 12 h 后再随炉冷却到室温。收集到的沉淀用去离子水和乙醇多次离心分离，最后在 60 ℃空气气氛下烘干得到该 ZHC 前驱体产物。然后将该 ZHC 前驱体转入坩埚中，在 450 ℃的高温下在马弗炉焙烧 2 h 后得到了最终产物。

2.5.3　结果与讨论

图 2.5.1 所示为制备的 ZHC 前驱体和焙烧后的产物的 XRD 衍射图谱。从图 2.5.1 中可以看出，制备的 ZHC 前驱体为单斜晶的 $Zn_4(OH)_6CO_3 \cdot H_2O$（JCPDS 11-0287），该前驱体焙烧后得到了结晶性良好的六方纤锌矿结构的 ZnO（JCPDS 36-1451），我们没有发现任何其他的含锌化合物的出现，表明焙烧后这种 ZHC 前躯体完全转化成了纯相的 ZnO。

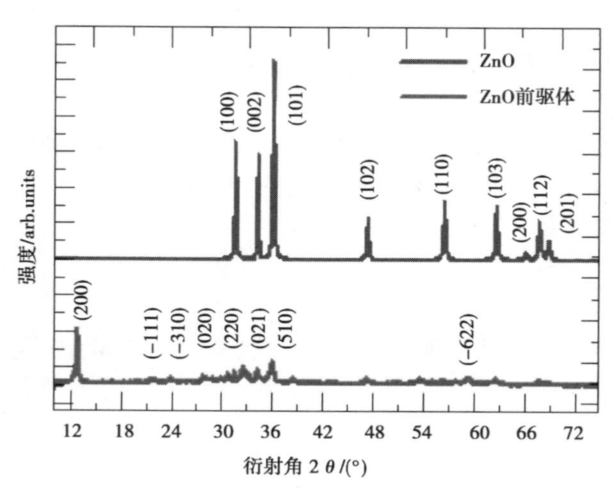

图 2.5.1　制备的 ZHC 前驱体和焙烧后的产物的 XRD 衍射图谱图

图 2.5.2(a)—(c)为焙烧后的 ZHC 前驱体的 SEM 图。从图中可以看出，制备的 ZnO 为单分散微球，平均直径为 1 ~ 2 μm。对单个微球的一个区域进行放大发现，这种 ZnO 微球是由大量的 ZnO 纳米卷片组装而成的，大量的纳米卷片交叉连接在一起形成了大量的孔洞。

图 2.5.2　多孔 ZnO 微球的 SEM 照片

图 2.5.3(a)—(b)为焙烧后的 ZHC 前驱体的 TEM 图。图 2.5.3(a)进一步证实了该 ZnO 微球是由 ZnO 二维纳米卷片构成的，厚度为 12 ~ 30 nm。我们对单个纳米卷片进行高分辨透射发现，在这些片上分布着许多不规则的微孔[图 2.5.3(b)]，尺寸为 5 ~ 50 nm，这可能是由于在焙烧的过程中水分子和二氧化碳的分解而产生的。

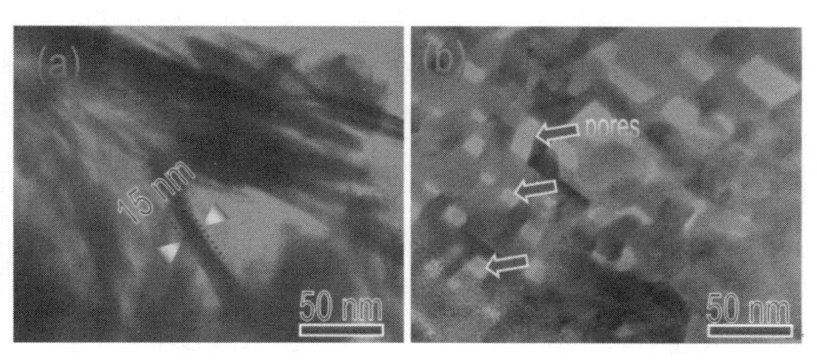

图 2.5.3　多孔 ZnO 微球的 TEM 照片

2.5.4 多孔 ZnO 微球的生长机理

为了弄清楚该多孔 ZnO 微球的生长机理并了解两种添加剂对其形貌的影响和作用,我们分别作了对比实验,焙烧后得到样品的 SEM 图如图 2.5.4 所示。当该溶液中只添加尿素时,得到了一种大尺寸的 ZnO 纳米薄片;而当只有 MEA 添加到该溶液中时,得到细小的 ZnO 纳米颗粒和纳米颗粒的集群,这就说明尿素和 MEA 都对这种多孔 ZnO 微球的形成起到了关键作用。尿素促进了 ZnO 纳米卷片的生成,而 MEA 则能够在一定程度上抑制这种纳米卷片进一步扩张生长,变成更大尺寸的纳米片,并帮助这些纳米卷片自组装成一种球形结构。

(a) 只添加尿素

(b) 只添加MEA

图 2.5.4 制备的 ZnO 样品的 SEM 照片

图 2.5.5 为 ZnO 微球在不同水热时间焙烧后的形貌演变 SEM 照片。当水热时间只有 1 h,只有一些很薄的纳米卷片和纳米卷片的集群生成;随着延长水热时间到 4 h,这些纳米卷片和纳米卷片的集群开始聚集并自组装成一种很小的球形结构;进一步延长时间,这些小的球形结构出现得越来越多并且开始结晶长大,当水热时间到达 12 h,一种均匀多孔的 ZnO 微球就得到了;再进一步延长水热时间到 20 h,这些微球上的某些纳米卷片开始溶解,甚至会破坏这种球形结构,表明较长的水热时间对多孔微球的生成是不利的。

图 2.5.6 为 ZnO 微球的生长机理图。在最初的反应阶段,这些 ZHC 前躯体纳米晶在尿素添加之后大量生成,随着反应时间的增加,这些 ZHC 前躯体纳米晶开始通过导向吸附作用自发聚集并形核长大成纳米卷片。由于 MEA 均匀地分散在溶液中,它与溶液中的锌离子结合形成一种络合离子$[Zn(MEA)_m]^{2+}$,其中 m 是整数,从而限制了自由锌离子的数量,降低了 ZHC 纳米晶的生成,抑制了 ZHC 纳米卷片长成

更大尺寸的纳米卷片。随着反应的继续进行，这些小尺寸的纳米卷片自发地聚集起来以降低其表面能，形成了纳米卷片的集群并最终演变成了多孔的球形形貌。

$$Zn^{2+}+m\mathrm{MEA} \rightleftharpoons [Zn(\mathrm{MEA})m^{2+}]$$

(a) 1 h　(b) 4 h

(c) 12 h　(d) 20 h

图 2.5.5　ZnO 微球在不同水热时间的形貌演变 SEM 照片

图 2.5.6　多孔 ZnO 微球的生长机理图

图 2.5.7(a) 为用 ZnO 纳米颗粒、大尺寸纳米卷片和多孔微球制成的气敏传感器在 200～500 ℃的工作温度下对 5×10^{-5} 乙醇气体的灵敏度。我们发现它们的最佳工作温度均在 350 ℃，对应的最大灵敏度分别为 21.9，39.6，87.5。很明显，在这三个传感器中，用 ZnO 多孔微球制备的气敏传感器在所有检测温度下都具有最高的灵敏度，表明该多孔结构的确对气敏性能有很大的作用。我们也测试了 ZnO 纳米颗粒、大尺寸纳米卷片和多孔微球粉体的比表面积，分别为 4.9，3.7，39.6 m^2/g，该多

孔球具有最高的比表面积。很明显,这种气敏性能的提高归因于这种独特的多孔分层结构,其拥有很大的比表面积促进了气体分子的吸附。图 2.5.7(b)为用 ZnO 纳米颗粒、大尺寸纳米卷片和多孔微球制成的气敏传感器在 350 ℃的工作温度下对 5 $\times10^{-5}$ 乙醇气体的响应恢复时间,分别为 19 s 和 20 s、12 s 和 14 s、7 s 和 9 s。用多孔 ZnO 微球制备的气敏传感器具有最短的响应恢复时间,表明吸附的气体分子能够在很短的时间内扩散脱附。这是由于这种多孔结构有很多的扩散通道来帮助气体分子吸附脱附,在另一方面组成该微球的纳米卷片本身也有很多的介观微孔,能够允许很多的气体分子畅通无阻地通过球体的核心到达球体的外部,从而提高了响应恢复特性。

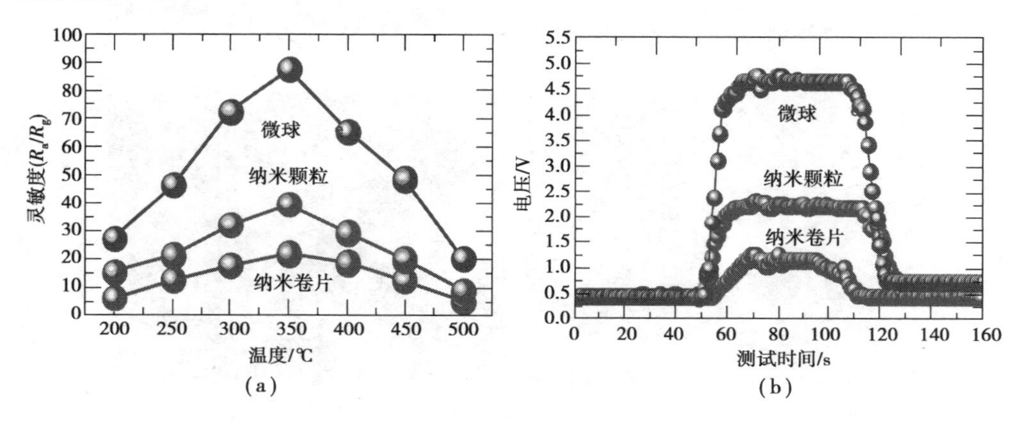

图 2.5.7　用 ZnO 纳米颗粒、大尺寸纳米卷片和多孔微球制成的气敏传感器在不同的工作温度下对 5×10^{-5} 乙醇气体的灵敏度和响应恢复时间

该 ZnO 微球的气敏机理可以用表面电荷模型来解释。当该气敏传感器放置在空气中时,由于 ZnO 的表面会吸收空气中的氧气产生吸附氧,在它的表面产生了德拜电子层,当这种化学吸附达到平衡时,材料表面的电子浓度降低使得它的电阻升高。一旦它接触到还原性气体如乙醇气体,乙醇分子就会与这些化学吸附氧产生化学反应,将吸附氧俘获的电子归还到 ZnO 的导带中,引起表面电子浓度的升高,这样又使得电阻降低,最终获得气敏信号。

2.5.5　小结

采用尿素和 MEA 胺辅助水热的方法制备一种多孔的由 ZHC 前驱体纳米卷片组成的微球,在 450 ℃焙烧后这种 ZHC 前驱体完全转变成了纯相的 ZnO。制备的 ZnO 为单分散的微球,平均直径为 1 ~ 2 μm。对单个微球的一个区域进行放大发现，这种 ZnO 微球是由大量的 ZnO 纳米卷片自组装而成的，厚度为 12～30 nm，并且在焙烧后这些纳米卷片上出现了许多不规则的微孔，尺寸为 5～50 nm

尿素和 MEA 都对这种多孔 ZnO 微球的形成起到了关键作用。尿素促进了 ZnO 纳米卷片的生成，而 MEA 则能够在一定程度上抑制这种纳米卷片进一步扩张生长，变成更大尺寸的纳米片，并帮助这些纳米卷片自组装成一种球形结构。

该 ZnO 多孔球具有较高的比表面积 39.6 m^2/g，多孔微球制成的气敏传感器在 350 ℃的工作温度下对 5×10^{-5} 乙醇气体的灵敏度为 87.5，响应恢复时间为 7 s 和 9 s，这种气敏性能的提高归因于这种独特的多孔分层结构，拥有很大的比表面积促进了气体分子的吸附和脱附。

2.6　纳米棒聚集的花状 ZnO 及气敏性能研究

2.6.1　引言

在过去几十年中，对纳米晶体的可控合成已经做出了许多努力。特别是微型和纳米结构构件自组装成分层结构引起了研究者们的极大兴趣。在催化剂、传感器、太阳能电池、锂离子电池等应用中分层结构材料通常显示出改善其物理和化学性质的作用。例如，Gu 等人合成了具有良好光催化性能的 Fe_2O_3 分层纳米结构。Li 等人成功地制备出显示出更高催化活性的梳状 ZnO 纳米碳管。Li 等人成功地制备出显示出更高催化活性的梳状 ZnO 纳米碳管。Pan 等人证实束状 CuO 电极展示出高的初始放电容量。到目前为止，已经成功地合成了一系列由各种材料制成的分层纳米结构，包括半导体、异相复合材料、氢氧化物和有机材料。在上述各种材料中，半导体层级纳米结构的研究对于这种材料的广泛应用是特别有意义的。

作为重要的宽带隙(3.37 eV)半导体，由于其优异的光学和电子性能，ZnO 已被广泛研究。为了进一步拓宽其应用，最近已经有许多作品研究基于 ZnO 的分层纳米结构。到目前为止，已经探索了几种基于 ZnO 的层状纳米结构，包括球形 ZnO 簇、花状 ZnO、支化 ZnO 微晶、ZnO 四足体、转子样 ZnO、ZnO 纳米和 ZnO 纳米桥。尽管取得了这些成功，材料科学家仍然要去面对一些存在的挑战。众所周知，纳米材料的潜在应用取决于纳米结构的形状，受控形态可以调节纳米材料的性质。然而，大多数先前报道的合成方法通常适用于获得某种特定形态。因此，需要以可控的方式制备分级的 ZnO 纳米结构,以提高 ZnO 的性能和扩大 ZnO 的应用范围。本书我们报告了通过简单的水热法制备层状 ZnO 纳米花的可控合成。所制备的花状 ZnO 微结构由许多纳米棒和良好晶体结构构成。此外,其增长过程和可能的机制将在一些细节中进行讨论。发现制备的 ZnO 纳米花粉对氢化气体表现出良好的气体感测性能。

2.6.2 实验

所有化学试剂均为分析纯,无须进一步纯化。首先将 1 mM 乙酸锌二水化合物和 10 mM 氢氧化钠和 0.1 g 聚乙二醇溶解于 40 mL 蒸馏水。然后用磁力搅拌器强烈搅拌 1 h,将溶液转移到高压釜中,将其加热至 140 ℃并保持 8 h。最后,通过离心分离收集白色产物,用蒸馏水和乙醇洗涤 3 次,并在 60 ℃下在空气中干燥。

2.6.3 结果与讨论

所有制备的 ZnO 的典型 XRD 图谱如图 2.6.1 所示,强而锐利的衍射峰表示样品的良好结晶。所有衍射峰可以完美地分配到纤锌矿型(空间群 P63mc)ZnO,没有明确证明表明有杂质,表明最终产物的纯度高。这种复杂形态可以容易合成并且有很高的收率。

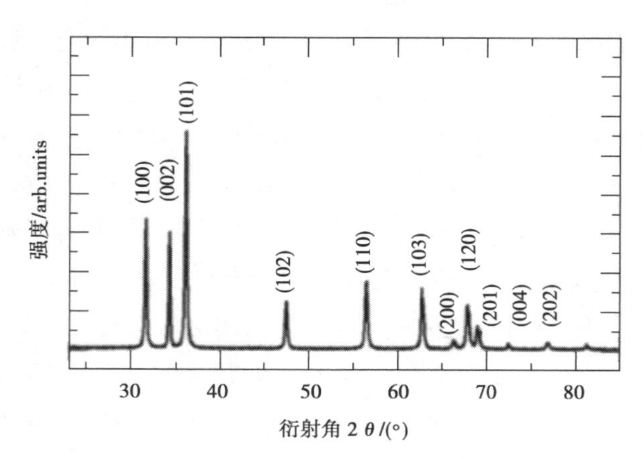

图 2.6.1 制备 ZnO 的典型 XRD 图谱

图 2.6.2(a)—(d)显示了所制备的产品的 SEM 和 TEM 图像。从图 2.6.2(a)可以看出,合成后的 ZnO 产物呈现出均匀的花状形态。如图 2.6.2(b)所示为单独花状 ZnO 结构的放大 SEM 图像,花状 ZnO 结构的直径有 4 μm,并且纳米花的花瓣

由许多精心布置的纳米棒构成。这些纳米棒以逐层方式自组装,形成花状形态,并最终演化成分层结构。图 2.6.2(c)中仔细观察表明,单一花由直径为 200 nm 的六角棒状晶体组成,棒的长度约为 2 mm。图 2.6.2(d)显示了纳米棒的边缘区域的高分辨率 TEM(HRTEM)图像,其中晶格边缘清晰可见,估计相邻晶格面之间的间距为 0.26 nm,这与六方纤锌矿 ZnO 的(0001)晶面的面间距相当。

图 2.6.2　制备产品的 SEM 和 TEM 图像

2.6.4　ZnO 纳米花的生长机理

为了深入了解添加剂在合成过程中发挥的作用机理,我们对合成样品进行 SEM 研究。如图 2.6.3(a)所示,当不加入 PEG 表面活性剂时,生成大量的 ZnO 纳米棒。众所周知,六方晶系 ZnO 晶体具有极性和非极性面,即底部的极性富氧六边形晶面

($000\bar{1}$),顶部暴露的极性富锌六边形晶面(0001)和由非极性面组成的低指数面(平行于 c 轴)。具有表面偶极子的极性晶面在热力学上比非极性面更不稳定,经常重新排列以降低其表面能。不同晶面的选择性吸附会导致晶面的不同生长速率,即$v(0001) > v\{\bar{1}01\bar{1}\} > v\{\bar{1}010\} > v\{\bar{1}011\} > v(000\bar{1})$。因此,在水热条件下不存在表面活性剂时,(0001)晶面在能量上是最高的,并且具有比其他平面更快的生长速率。在合成系统中,NaOH 用作 pH 缓冲剂以释放氢氧根离子,氢氧根离子随后与锌离子反应形成 $Zn(OH)_4^{2-}$,同时 $Zn(OH)_4^{2-}$ 是 ZnO 的生长基元,它们在温和的条件下聚集在一起形成均匀沉淀最终生成 ZnO。同时,$Zn(OH)_4^{2-}$,倾向于吸附在(0001)晶面上以降低表面能,因此 ZnO 晶体一直沿[0001]方向生长,形成了棒状 ZnO。

$$Zn^{2+}+2OH^- \rightleftharpoons Zn(OH)_2\downarrow \overset{2OH^-}{\rightleftharpoons} Zn(OH)_4^{2-} \overset{\triangle}{\rightleftharpoons} ZnO+H_2O$$

图 2.6.3　ZnO 纳米棒 SEM 图像和 ZnO 纳米花 SEM 图像

然而,当将 PEG 加入溶液中时,ZnO 纳米棒组装在一起并形成 ZnO 花[图 2.6.3(b)],表明添加 PEG 是形成 ZnO 花的关键。众所周知,PEG 是非离子表面活性剂,在其长链上具有亲水性基团—O—和—CH_2—CH_2—,PEG 可以很好地溶解在水中,因此 PEG 链上的大量氧可以容易地与 Zn^{2+}反应,从而使 Zn^{2+}能够在溶液中聚集在 PEG 的长链上。因而,在合成过程中,PEG 作为模板的作用,使得 ZnO 纳米棒在上面聚集生长成花状。

基于上述实验结果,我们提出了如图 2.6.4 所示的 ZnO 花可能的生长机理。在初始阶段,长链 PEG 分子是自聚集在一起,以降低它们的表面能并形成一些 PEG 团簇,为 ZnO 晶体提供了初始的成核位点。随着水热反应的进行,溶液中产生大量的

$Zn(OH)_4^{2-}$ 生长基元并逐渐饱和，此时在溶液中形成 ZnO 晶核。进一步水热处理下，许多微小的 ZnO 晶体将在 PEG 链上形核并生长，同时 $Zn(OH)_4^{2-}$ 生长基元将在(0001)晶面上吸附并沿[0001]方向生长，导致生成棒状 ZnO。随着水热反应时间的延续，大量的棒状 ZnO 生长在 PEG 簇上，最终形成花状 ZnO。

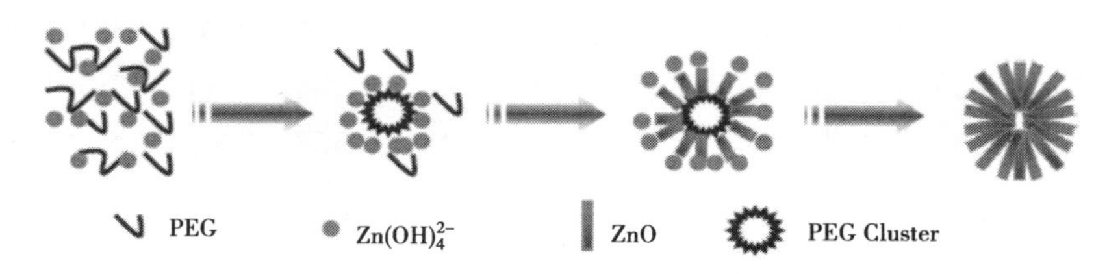

图 2.6.4　ZnO 的生长机理

2.6.5　气体传感器性能

为了深入了解 ZnO 纳米花的性能，我们进一步研究了它们的气敏特性。众所周知，半导体气体传感器的响应受工作温度的影响很大。在低温下，被测气体分子的活化能不足以与吸附氧起反应，而在太高的温度下，气体分子吸附脱附过快会导致反应不充分。图 2.6.5 显示了在 200 ~ 500 ℃ 的不同工作温度下 ZnO 纳米花对 $5\times10^{-5}H_2S$ 的气体灵敏度。显然，在 300 ℃ 的温度下，气体响应增加到 32.5 的最大值，然后随着温度的升高逐渐降低。因此，为了 ZnO 传感器的进一步气体检测，将其最佳工作温度设定在 300 ℃。

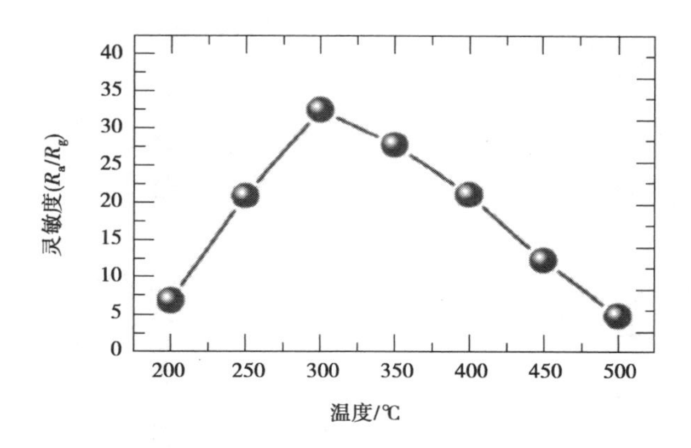

图 2.6.5　不同工作温度下
ZnO 纳米花对 $5\times10^{-5}H_2S$ 浓度的气体灵敏度

气体传感器的响应恢复性能取决于被测气体的浓度，如图 2.6.6 所示，在最佳温度下测试了 ZnO 纳米花对不同 H_2S 浓度的响应恢复时间。显然，该传感器的 H_2S 检测范围从 5×10^{-6} 到 1×10^{-4}，灵敏度随 H_2S 浓度的增加而呈线性增加。当 ZnO 传感器分别暴露在浓度为 5×10^{-6}，1×10^{-5}，3×10^{-5}，5×10^{-5} 和 1×10^{-4} 的 H_2S 气体时，气体响应分别为 9.6，14.1，22.6，32.5 和 68.2；此外，ZnO 传感器在 300 ℃相对较低的工作温度下，在这些浓度下响应和恢复时间分别不超过 7 s 和 9 s。ZnO 传感器快速的响应和恢复时间可归因于花状 ZnO 的分层结构，分层结构为气体扩散提供了大量的间隙和扩散通道。因此，使用 ZnO 纳米花的分层结构可以实现快速响应和恢复。

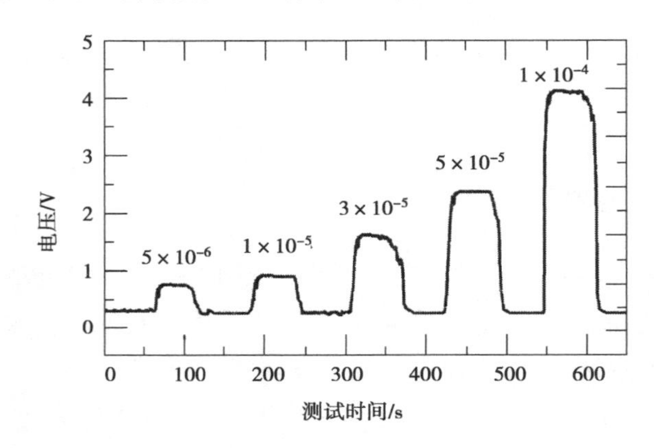

图 2.6.6　ZnO 纳米花对不同 H_2S 浓度的响应恢复时间

图 2.6.7 显示了基于 ZnO 纳米花制备的传感器对挥发性有机化合物（VOCs）等测试气体的气体响应，测试气体包括 NH_3，CO，H_2S，HCHO，H_2，C_2H_5OH 和 C_6H_6，所有气体在 300 ℃的工作温度下测试，浓度为 5×10^{-5}。在图 2.6.7 中，ZnO 气体传感器对 CO，HCHO，H_2 和 C_2H_5OH 的灵敏度值很低，对 NH_3 和 C_6H_6 几乎不敏感。ZnO 气体传感器对 H_2S 的响应最高，为 32.5，而对其他气体的反应不大于 6。从测试结果可以总结出，ZnO 气体传感器对 H_2S 的选择性已经超过了对其他 VOCs 气体的 5 倍。

图 2.6.8 为气体传感器的长期稳定性测试。传感器的灵敏度在 30 d 后从 32.5 降到 28.4。但传感器在接下来的 30 d 对浓度为 5×10^{-5} 的 H_2S 显示出近乎恒定的灵敏度值（28），这表明气体传感器具有良好的稳定性。气体传感器这种快速响应和恢复过程，选择性和优异的重复性，表明 ZnO 气体传感器在工业中具有较好的应用前景。

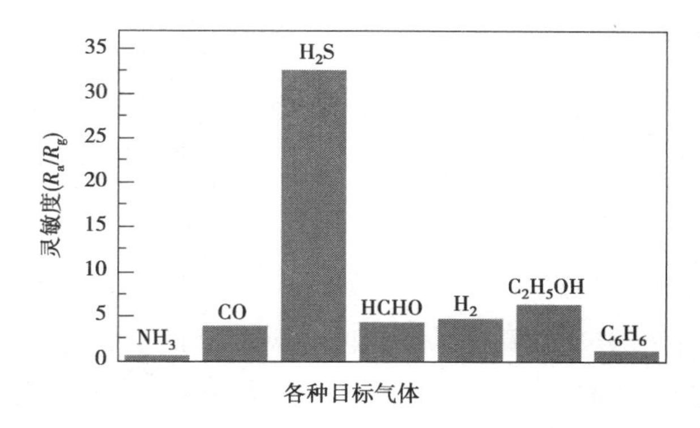

图 2.6.7　ZnO 纳米花制备的传感器对挥发性有机化合物(VOCs)等测试气体的灵敏度

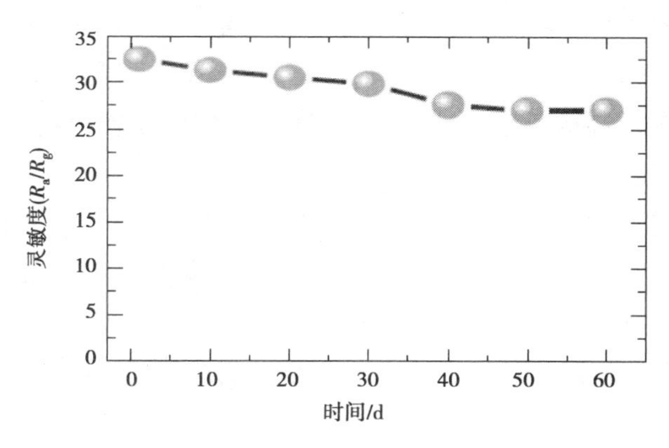

图 2.6.8　传感器的长期稳定性测试

2.6.6　小结

我们使用表面活性剂 PEG-20000 通过简单而有效的水热法成功地制备了分层的 ZnO 纳米花。研究了表面活性剂对样品形态的作用,对制备样品的气敏性能进行了测试。我们发现 PEG-20000 可作为 ZnO 纳米花的生长模板,进一步的气敏性能测试表明,ZnO 纳米花传感器在 300 ℃时,对浓度为 5×10^{-5} 的 H_2S 的灵敏度高达 32.5,响应和恢复时间短至 7 s 和 9 s,并具有优异的选择性和稳定性,表明制备的 ZnO 气体传感器可有效检测 H_2S 气体,具备较好的前景。

2.7 海胆状 ZnO 的合成及其对丙酮的气敏性能研究

2.7.1 引言

纳米材料随着它的尺寸、表面、量子化和宏观量子隧道化效应的变化常常会呈现出一种异于常规晶体的性质。最近,人们将大量的精力集中于研究拥有复杂结构的低尺寸纳米材料。尤其是分层结构的纳米材料,由于具有较高的比表面积和较多的间隙,常常会表现出令人意想不到的性能。为了制备出这种独特分层结构的三维纳米材料,人们尝试了很多方法聚集这些纳米尺度一维和二维材料成三维分层结构,例如,热蒸发、磁控溅射、化学气相沉积法等。然而大多数的这种制备方法需要苛刻的制备环境如较高的温度和特殊的设备,这就需要花费很高的成本,从而使它不能广泛地应用于工业生产。

为了解决这种问题,开发出一种简单快速并且经济的方法制备分层结构的纳米材料引起了人们的极大兴趣。其中化学溶液法由于其经济、环境友好和设备简单的优点具有大规模工业化生成的潜力。水热法就是一种设备简单、能耗较低的化学制备方法,在高压反应釜中,由于具有高压和高沸点的环境,这些低维的纳米尺度的材料更容易聚集成一种分层结构的形貌,因此在本章中,我们采用水热法制备了分层结构的 ZnO 纳米材料,并对其生长机理进行了研究,测试了其气敏性能。

2.7.2 海胆状 ZnO 纳米材料的制备

所有的药品和试剂均为分析纯,海胆状 ZnO 是采用简单的一步水热法制备的。首先将 0.4 g 锌粉均匀地分散在 40 mL 的氢氧化钠溶液中,调节 pH 值到 13.5 后磁力搅拌 1 h,然后将该混合溶液装入高压反应釜中 160 ℃水热 6 h 并随炉冷却到室温。收集到的沉淀用去离子水和乙醇多次离心分离,最后在 60 ℃空气气氛下烘干,得到最终产物 ZnO 球-SnO_2 线复合材料。

2.7.3 结果与讨论

图 2.7.1 为制备样品的 XRD 衍射图。从图中可以看出,所有的衍射峰都与六方纤锌矿结构的 ZnO 标准图谱(P63mc,JCPDS 36-1451)相对应。在样品中没有其

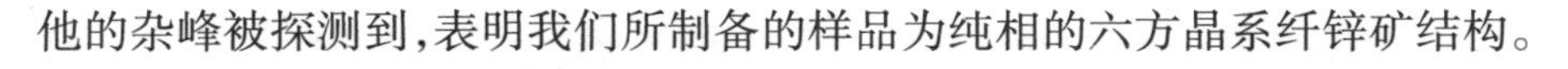

他的杂峰被探测到,表明我们所制备的样品为纯相的六方晶系纤锌矿结构。

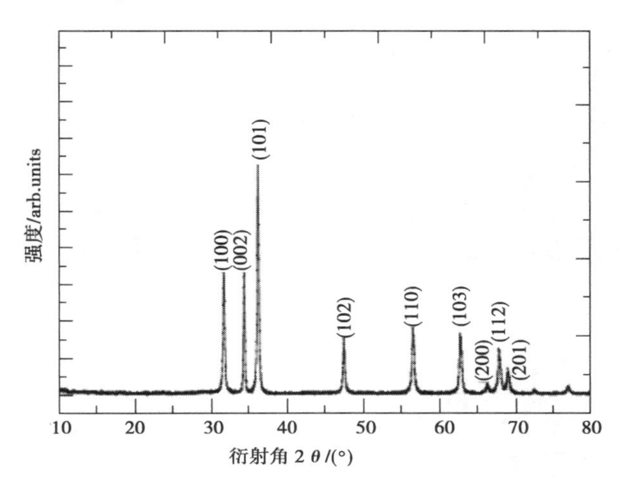

图 2.7.1　制备样品的 XRD 衍射图

样品的形貌采用场发射扫描电子显微镜进行表征。如图 2.7.2 所示为不同分辨率的 ZnO 样品 SEM 照片。从图 2.7.2(a)中可以看出制备的 ZnO 样品形貌分布非常均匀,均为海胆状。通过观察高倍 SEM 照片发现,海胆状 ZnO 的尺寸约为 1.5 μm,是由一些 ZnO 纳米棒自组装而成的。从图 2.7.3(d)中单个 ZnO 纳米棒可以看出,该纳米棒的直径尺寸约为 20 nm,因此通过 SEM 电镜观察,可以得出该海胆状 ZnO 是一种分层结构。

我们对制备 ZnO 样品进一步进行了 TEM 表征,图 2.7.3(a)为单个 ZnO 形貌的 TEM 照片,发现它与 SEM 照片的形貌相一致,均为海胆状,其纳米棒尺寸为 20 nm。对局部进行衍射分析发现,其晶格条纹间距为 0.263 6 nm,这与 ZnO 的(0002)晶面间距相吻合。同时其对应的单晶衍射斑点表明,制备的 ZnO 为单晶结构。

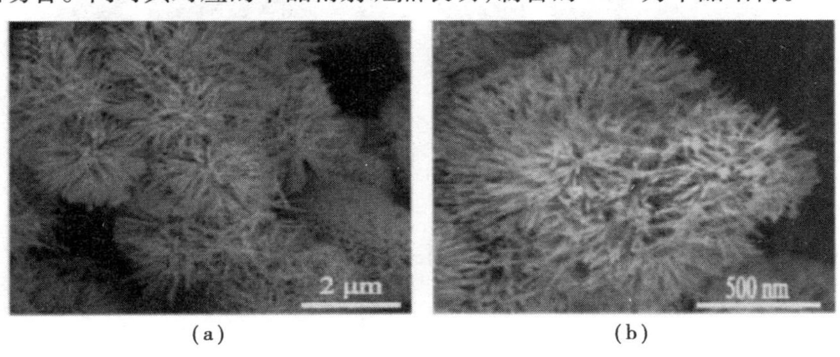

(a)　　　　(b)

(c) (d)

图 2.7.2 制备样品的 SEM 照片

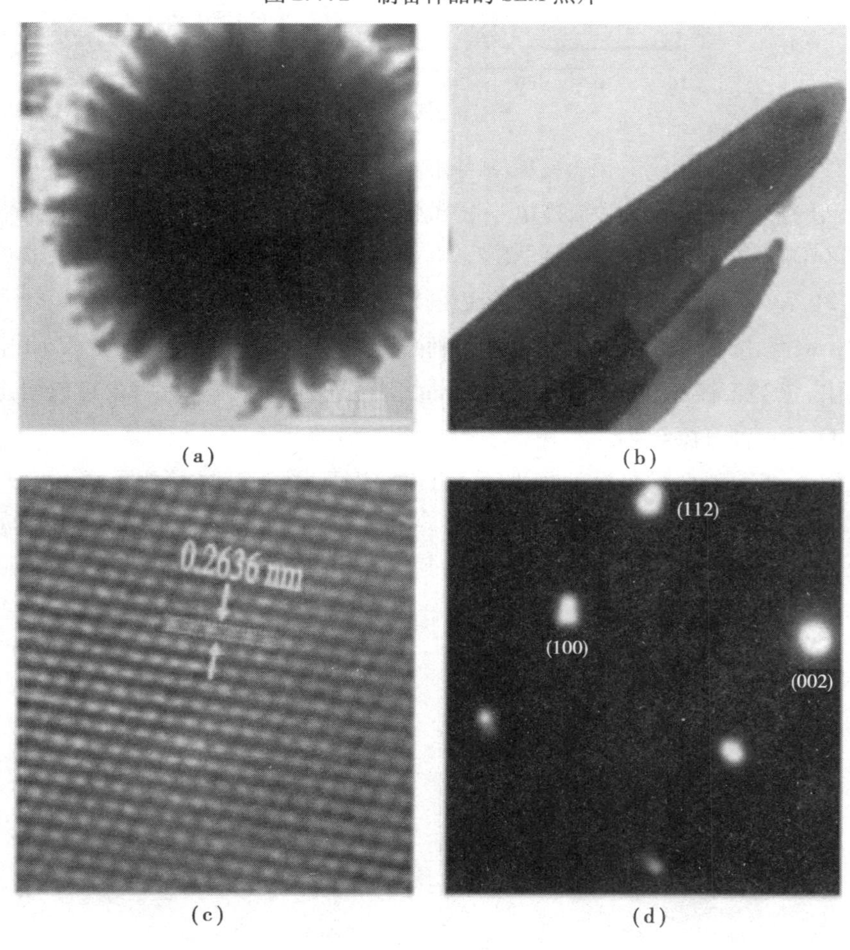

(a) (b)

(c) (d)

图 2.7.3 海胆状 ZnO 样品的 TEM 照片

为了揭示这种独特结构ZnO的形貌演变过程,我们对其在不同时间的形貌变化进行了研究,如图2.7.4所示。从图2.7.4(a)可以看出,没经过处理的锌粉是没有任何规则形貌的,尺寸在3～5 μm。将锌粉加入氢氧化钠溶液中并在70 ℃超声处理1 h后,这些锌粉表面变得粗糙和疏松[图2.7.4(b)];用氢氧化钠溶液继续处理4 h后,这些锌粉的尺寸变得越来越小,并且这些不规则的锌粉颗粒逐渐演变成了具有规则的球状结构,平均直径为2～3 μm[图2.7.4(c)];当处理时间进一步延长到3 h,得到的样品尺寸有所减小,海胆状的ZnO样品形成了。而进一步延长水热到12 h时,将会破坏这种独特的海胆状结构,最终形成束状结构。

(a)锌粉　(b)将锌粉添加氢氧化钠溶液中处理1 h

(c)将锌粉添加氢氧化钠溶液中处理4 h　(d)将锌粉添加氢氧化钠溶液中处理12 h

图2.7.4　样品的形貌演变SEM图

pH对材料形貌的影响也是很重要的。当溶液的pH为13时,如图2.7.5(a)所示,仅能得到类似于不规则的石头状的ZnO样品,这是因为pH较低不能够提供足够的氢氧根离子来刻蚀Zn粉。而随着pH超过了14,得到的样品为分散的棒状ZnO晶体,这是因为过多的氢氧根离子产生了强烈的腐蚀作用,加速了 Zn 粉的溶解,创造了大量的生长基元 $Zn(OH)_2$ 并沿着(0001)方向生长,形成了棒状结构。

(a)锌粉添加到pH为13的溶液中反应　(b)锌粉添加到pH为14的溶液中反应

图 2.7.5　样品的形貌演变 SEM 图

样品的 N_2 吸附-脱附等温线和孔径分布曲线如图 2.7.6 所示,所有样品的等温线均属于第Ⅳ类等温线,表明样品存在介孔结构。此外,可以明显地发现滞后回环的形状为 H_3 型,揭示了裂缝孔的存在,该类孔结构是由纳米片堆叠形成的,与样品的二维纳米片层状结构一致。从图中可以观察到在相对压力较高时即 P/P_0 接近于 1 时,吸附量有饱和值,表明样品中也存在大孔。插图为样品的孔径分布图,孔径分布范围较广,进一步证实大部分的孔以介孔和大孔(大于 50 nm)的形式存在。测得的比表面积为 53.9 m^2/g,孔体积为 0.073 cm^3/g。

2.7.4　气敏传感器性能

图 2.7.7 为该 ZnO 样品和商用 ZnO 制成的气敏传感器在 150～450 ℃的工作温度下对 5×10^{-5} 的丙酮气体的灵敏度。从图中可以看出,传感器均在 300 ℃时具有最高的灵敏度,分别为 58.1 和 23.8,然而当温度超过 300 ℃时灵敏度就会降低。图 2.7.8 为该 ZnO 样品和商用 ZnO 制成的气敏传感器在 300 ℃的工作温度下对 1×10^{-5} 丙酮气体的响应恢复时间。从图中可以看出制备的海胆状 ZnO 做的传感器具有较快的响应恢复过程,它的响应时间和恢复时间分别为 42 s 和 10 s,而商用 ZnO 的响应时间和恢复时间分别为 93 s 和 15 s。图 2.7.9 为该 ZnO 制成的气敏传感器在 300 ℃的工作温度下对 5×10^{-6}～35×10^{-6} 丙酮气体的响应恢复特性曲线。该传感器的灵敏度随着浓度的升高而逐渐增大,并且该传感器的响应恢复特征也保持稳

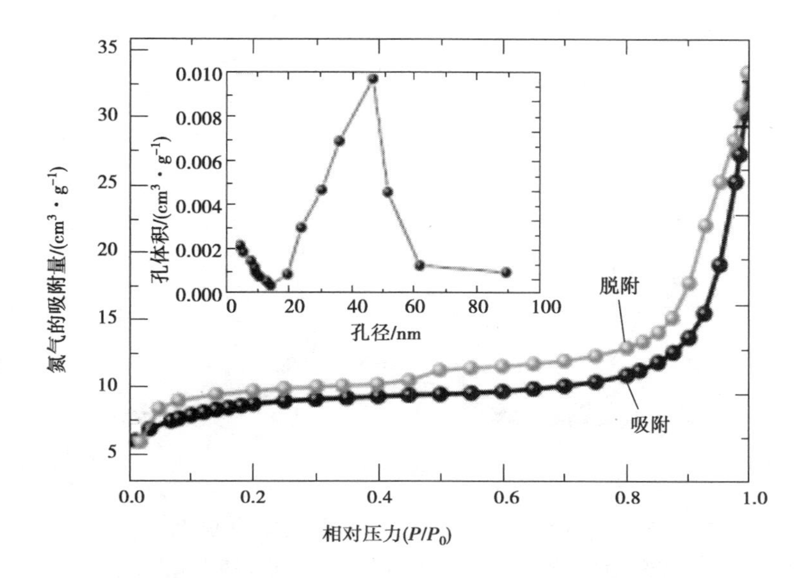

图 2.7.6　制备样品的吸附-脱附等温线和孔径分布图

定。图 2.7.10 为该 ZnO 纳米片制成的气敏传感器在 300 ℃的工作温度下对 1×10^{-5} 的各种有机气体的灵敏度，包括甲烷、氨气、甲醛、一氧化碳、丙酮和苯。从图中可以看出该传感器对甲醛、甲醇、氨气和一氧化碳有很小的灵敏度，而它对丙酮的灵敏度高达 58.1，对其他气体的灵敏度则没有一个超过 20，由此可知该传感器在这些有机气体中对丙酮具有选择性探测作用。

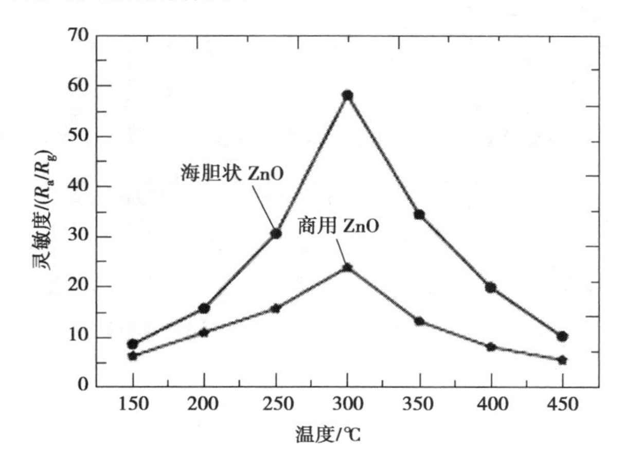

图 2.7.7　ZnO 样品和商用 ZnO 制成的气敏传感器
在 150～450 ℃的工作温度下对 5×10^{-5} 的丙酮气体的灵敏度

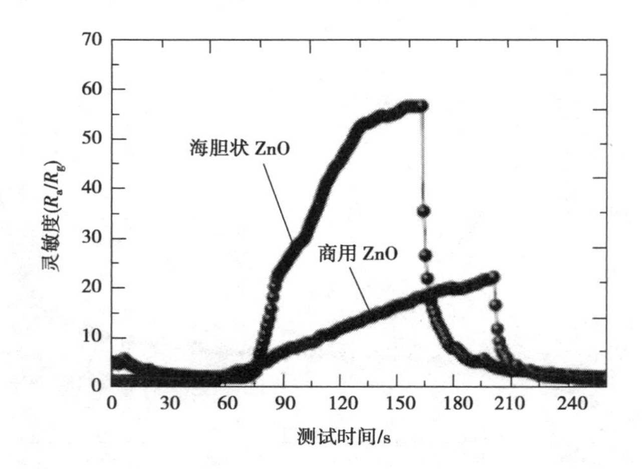

图 2.7.8　ZnO 样品和商用 ZnO 制成的气敏传感器
在 300 ℃的工作温度下对 1×10^{-5} 丙酮气体的响应恢复时间

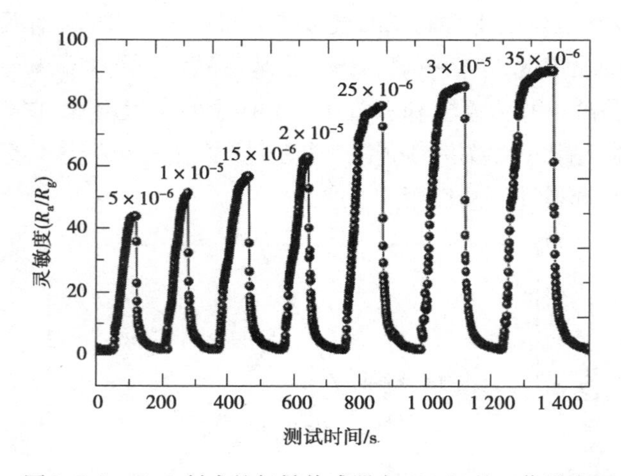

图 2.7.9　ZnO 制成的气敏传感器在 300 ℃的工作温度下
对 5×10^{-6} ~ 35×10^{-6} 丙酮气体的响应恢复特性曲线

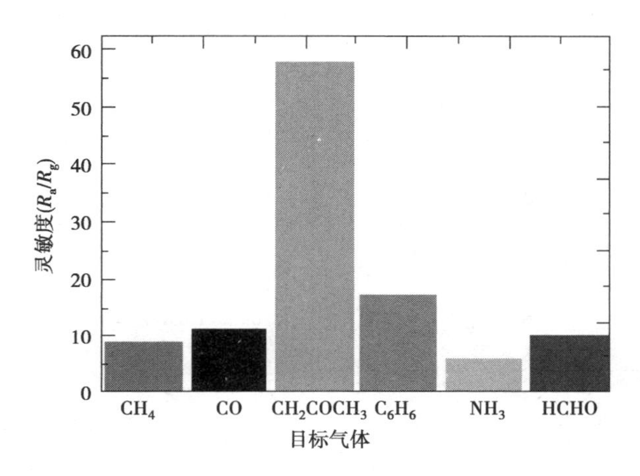

图2.7.10　ZnO纳米片制成的气敏传感器在300 ℃的工作温度下对1×10^{-5}的各种有机气体的灵敏度

2.7.5　紫外-可见光分析和光致发光光谱分析

为了深入了解两种ZnO样品的不同,我们对其进行了紫外-可见光谱分析,如图2.7.11所示,可以看到所有的样品在紫外光区390 nm左右有强烈的吸收,与纯商用ZnO相比,制备的ZnO产生了明显的红移现象。作为一种直接带隙半导体吸附常数和声子能量之间的关系可以用公式表示为:

$$\alpha h\upsilon = C(h\upsilon - E_g)^{\frac{1}{2}}$$

这里C是常数,E_g是禁带宽度。根据公式对该紫外吸收曲线进行变换可得到图2.7.11(b)所示的曲线,可以看出制备的海胆状ZnO和商用ZnO的禁带宽度分别为3.08和3.17 eV,制备的ZnO样品的禁带宽度较窄,有利于电子的跃迁,提高了材料的气敏性能。

ZnO是一种表面控制型气体传感材料,其表面的吸附氧将决定其气敏性能的好坏,而其表面缺陷与吸附氧有直接关系。ZnO晶体材料的缺陷包含锌缺陷[锌间隙(Zn_i)、锌空位(V_{Zn})、Zn取代(Zn_O)]和氧缺陷[氧间隙(O_i)、氧空位(V_O)、氧取代(O_{Zn})],其中Zn_O由于需要很高的能量才能生成,并且极不稳定,可以被排除。因此,ZnO晶体表面缺陷主要由锌间隙(Zn_i)、锌空位(V_{Zn})、氧间隙(O_i)、氧空位(V_O)、氧取代(O_{Zn})组成。在这5种缺陷中,Zn_i与V_O产生自由电子,被称为施主缺陷,V_{Zn},O_i和O_{Zn}消耗自由电子,称为受主缺陷。因此,材料中受主缺陷的多少决定

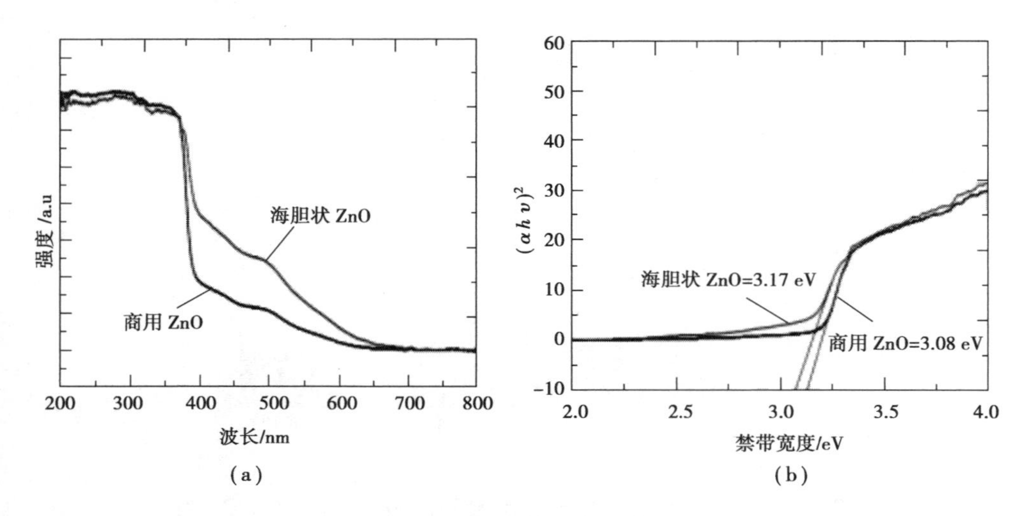

图 2.7.11　紫外-可见光分析

着自由电子的多少,也就决定材料表面吸附氧的数量,从而控制材料的气敏性能。众所周知,ZnO 材料发光是由于光生空穴和电子的复合或者本征缺陷产生的,因此我们采用光致发光光谱来检测 ZnO 材料的缺陷分布。如图 2.7.12 所示,在 360 ~ 600 nm 的光致发光光谱中,可以用高斯分峰法将其分成 7 个部分, 395 nm 与 420 nm 对应 Zn_i,460 nm 对应 V_{Zn},490 nm 对应 V_O, 520 nm 对应 O_{Zn},540 nm 对应 O_i。由图中的统计可知:制备的海胆状 ZnO 拥有更高的施主缺陷(Zn_i+V_O) 70.9% 和更少的受主缺陷($V_{Zn}+O_i+O_{Zn}$) 27.1%,未掺杂的 ZnO 的施主缺陷(Zn_i+V_O)58.46 和受主缺陷($V_{Zn}+O_i+O_{Zn}$) 41.5%。因此,制备的海胆状 ZnO 拥有更多的施主缺陷,从而拥有更多的吸附氧,提高了其气敏性能。

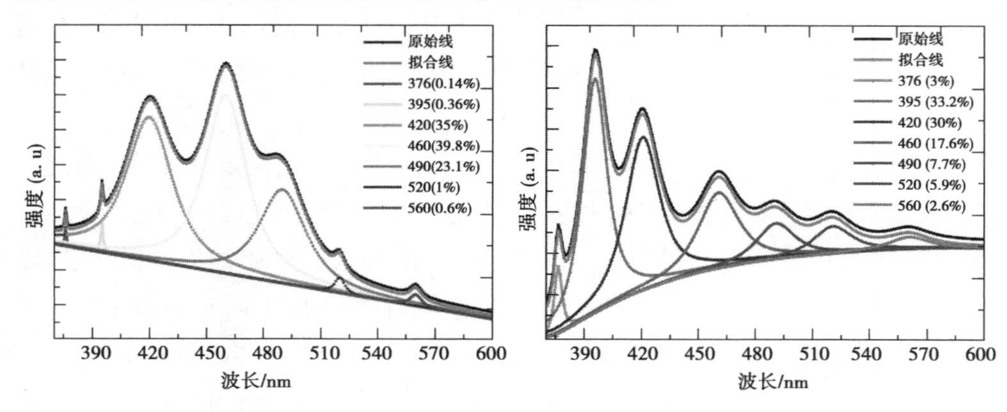

图 2.7.12　光致发光光谱分析

ZnO 的气敏性能能用表面电荷模型来解释，即气敏元件置于不同的气体环境中时它的电阻会发生改变。当气敏元件放置于空气中加热到 100～200 ℃时，在空气中的氧分子就会吸附在 ZnO 表面，并进一步产生带电的氧分子。随着温度升高到 250～350 ℃，这些带电的氧分子通过从 ZnO 的导带中获得电子进一步离解成负一和负二价的氧负离子，从而使得气敏元件的电阻升高。

$$O_{2(gas)} \longrightarrow O_{2(ads)}$$

$$O_2 + e^- \longrightarrow O^-_{2(ads)}$$

$$O_{2(ads)} + 2e^- \longrightarrow 2O^-_{(ads)}$$

$$\frac{1}{2}O_{2(ads)} + 2e^- \longrightarrow O^{2-}_{(ads)}$$

一旦将气敏元件放置于还原性气体丙酮中时，吸附在 ZnO 表面的氧负离子就会与丙酮气体分子发生反应，将电子归还于 ZnO 的导带中，从而使 ZnO 气敏元件的电阻降低。

$$CH_3COCH_{3(gas)} + 2O^-_{2(ads)} \longrightarrow 3H_2O + CO_2 + 2e^-$$

$$CH_3COCH_{3(gas)} + 8O^-_{2(ads)} \longrightarrow 3H_2O + 3CO_2 + 8e^-$$

$$CH_3COCH_{3(gas)} + 4O^-_{2(ads)} \longrightarrow 3H_2O + CO_2 + 8e^-$$

2.7.6　小结

我们采用水热法成功地制备了海胆状 ZnO，并对比研究了它的气敏性能。海胆状 ZnO 是由大量的纳米棒自组装而成，并形成了独特的分层结构。我们通过 UV-vis，PL 分析发现海胆状 ZnO 与商用 ZnO 材料相比具有较窄的禁带宽度及更多的施主缺陷和氧空位。我们通过结构分析和电子分析阐释了 ZnO 的气敏机理，结果表明，海胆状 ZnO 材料对丙酮气体具有较好的气敏性能。

2.8　ZnO 纳米片组装不同的分层结构及其气敏性能研究

2.8.1　引言

近年来，三维结构和层状纳米结构受到了很多关注。与低维结构比，三维纳米结构能提供更多的机会去探索新颖性能和最好的装备性能。从气体传感器的角度，分层纳米结构是有前途的候选人,由于特别结构通常能提供一个大的表面体积比,可以极大地方便气体扩散和传质材料的传质,因此能够提高传感器性能。在室温下,作为带有 3.4 eV 的直接带隙宽禁带和 60 meV 的大激子结合能的 N 型半导体,过去十年 ZnO 受到了极大的关注。此外,它广泛地用作超级电容器、太阳能电池、压电纳米发电机和气体传感器。由于现在人们越来越担心空气质量和人类健康,因此付出了很多努力去研究 ZnO 的气敏性能。通常来说,ZnO 纳米结构形态控制着基于 ZnO 做成的气体传感器的气敏性能,特别是比表面积大的分层纳米结构。

在当前工作中,我们使用简单水热法成功合成了卷状、肺叶状、花状和球状 ZnO。事实上,所制备的 ZnO 分层结构由许多纳米片组装。气敏测试是对比 4 个样品气敏性能。如预期的那样,我们发现球状 ZnO 具有最大的比表面积,并且显示出对低浓度乙醇的良好的气敏性能。这种独特的球状 ZnO 分层结构可能对开发一个有效的现场检测乙醇气体传感器有前景。

2.8.2 不同纳米结构的 ZnO 材料制备

通过不同表面活性剂辅助的水热法合成了 4 种 ZnO 层状结构样品,包括卷状、肺叶状、花状和球状。详细的合成过程如下:在卷状 ZnO 的典型合成中,将 1 mM 乙酸锌二水化合物、1 mM 尿素、1 mM 氢氧化钠和 0.1 g 聚乙烯吡咯烷酮溶解在蒸馏水中,然后用磁力搅拌器搅拌 30 min。然后将溶液移入高压釜中,在 140 ℃ 自动压力下处理 8 h。在肺叶状 ZnO 的典型合成中,将 1 mM 乙酸锌二水化合物、1 mM 尿素、1 mM 氢氧化钠和 0.1 g 羧甲基纤维素溶解在蒸馏水中,然后用磁力搅拌器搅拌 30 min。最后将溶液移入高压釜中,在自发压力及 120 ℃ 下处理 4 h。在花状 ZnO 的典型合成中,将 1 mM 乙酸锌二水合物、0.1 mM 柠檬酸钠和 0.1 g 聚乙二醇溶解在蒸馏水中,再使用磁力搅拌器搅拌 15 min。然后逐滴添加氢氧化钠溶液,同时搅拌 30 min,以形成乳白色胶体悬浮液。接下来,将溶液转移到高压釜中,并在 130 ℃ 下自动压力处理 12 h。在球状 ZnO 的典型合成中,将 1 mM 乙酸锌二水合物、0.5 mM 柠檬酸钠和 0.1 g 十二烷基硫酸钠溶解在蒸馏水中,再使用磁力搅拌器搅拌 15 min。然后逐滴添加氢氧化钠溶液,同时搅拌 30 min,以形成乳白色胶体悬浮液。接下来,将溶液转移到高压釜中,并在 140 ℃ 自动压力下处理 8 h。经过水热处理后,高压釜自然冷却至室温。最后,在进行离心分离后收集高压釜底部的白色产品,用蒸馏水和乙醇洗涤数次,并在 60 ℃ 的空气中干燥。

2.8.3　结果和讨论

为了确定制备产物的结晶相和化学成分，我们首先进行了 X 射线粉末衍射(XRD)分析。结果表明，图 2.8.1 中的衍射峰明显强烈并且很尖锐，表明样品高度结晶。样品的所有衍射峰可以在纤锌矿型 ZnO(JCPDS 卡 No. 36-1451)中，没有明确证据证明有杂质存在，这表明最终产品的纯度高。

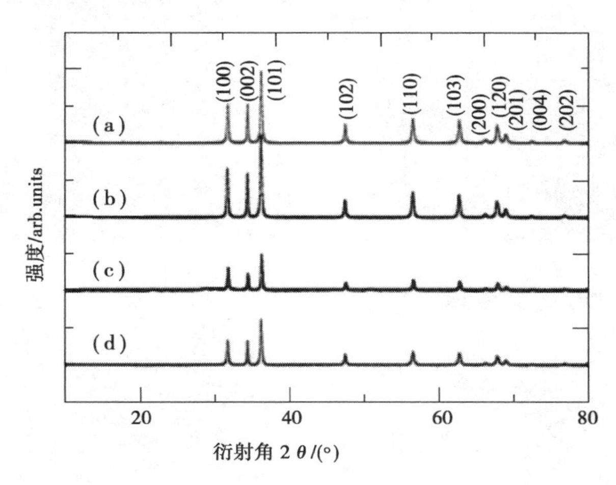

图 2.8.1　卷状、肺叶状、花状和球状 ZnO 的 XRD 衍射图谱

图 2.8.2 (a)、(b)展示了 ZnO 样品的 SEM 图像，从中可以看出 ZnO 产物显示片状形态。对放大的 SEM 图像进行更仔细的检查[图 2.8.2(b)]，图中显示这些纳米片自发卷起并具有类似涡卷的结构。这种类似涡卷的结构松散地堆叠在一起以形成简单的层次结构。对放大的 SEM 图像进行更仔细的检查[图 2.8.2(b)]，图中显示这些纳米片自发卷起并具有类似涡卷的结构。这种类似涡卷的结构松散地堆叠在一起以形成简单的层次结构。图 2.8.2(c)，(d)展示了 ZnO 样品的 SEM 图像，从中可以看出 ZnO 纳米片像肺叶中的血管布置一样组装。对放大的 SEM 图像进行更仔细的检查[图 2.8.2(d)]，从图中可看出这些纳米片交错生长在一起，从而使肺叶状的 ZnO 具有许多孔。图 2.8.2(e)，(f)展示了 ZnO 样品的 SEM 图像，其中的确可以看到许多均匀分布的花状纳米结构。花瓣由许多精心安排的薄纳米片构成。显然，由于花朵松散地绽放并且没有交叉相互作用，这些纳米片定期排列。此外，这些纳米片是以逐层的方式自动组装的，具有形成花状形态的大间隙，并且最终进化成分层结构。图 2.8.2(g)，(h)显示了 ZnO 样品的 SEM 图像，发现所获得的 ZnO 产物采取平均尺寸为 400 ~ 500 nm 的单分散球体。单个 ZnO 球体放大的 SEM 图像显

示在图 2.8.3(h)中,从其中发现 ZnO 球体由许多交织在一起的纳米片构成。这些纳米片是有序的和紧凑的,缩小了相邻纳米片之间的间距,增加了孔数。这种独特的层状球状结构具有许多孔隙和间隔,对提高 ZnO 的气敏性能起着重要的作用。

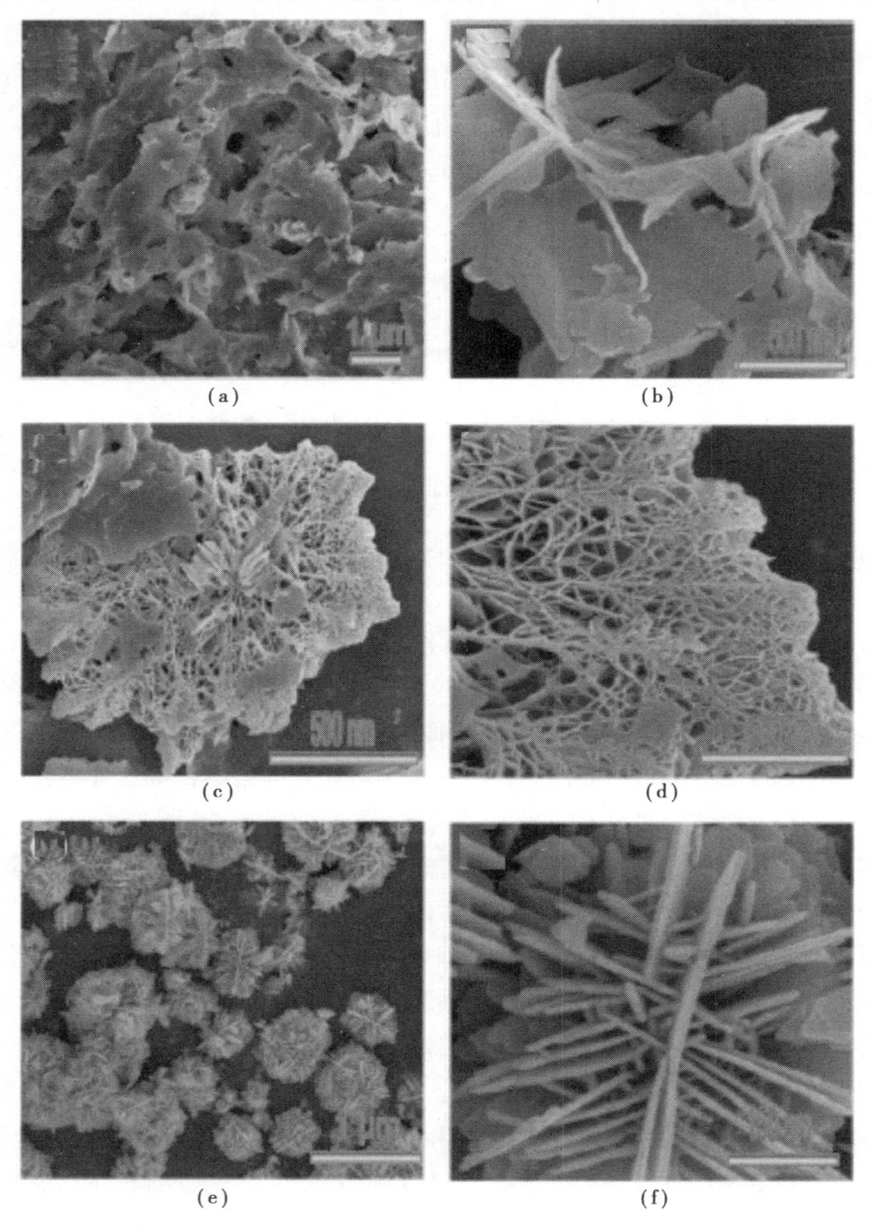

(g)

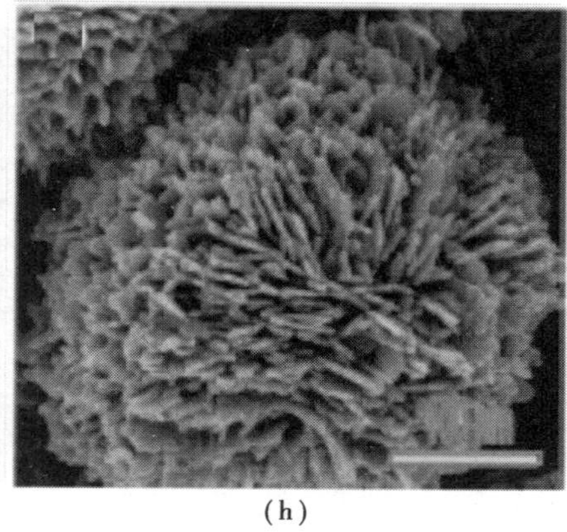

(h)

图 2.8.2　卷状、肺叶状、花状和球状 ZnO 的 SEM 图

测量氮吸附-解吸等温线去确定涡形状、肺叶状、花状和球状 ZnO 产品的比表面积和孔径分布，图 2.8.3 显示了 ZnO 产物的氮吸附和解吸等温线和相应的 Barret-Joyner-Halenda(BJH)孔径分布图(图 2.8.3 的插图)。可以观察到，制备的 ZnO 产物的所有等温线都表现出Ⅳ型等温线，在 P/P_0 为 0.78～0.98 时具有明显的磁滞回线，证明了具有介孔材料的特征。基于 BJH 法和氮等温线的解吸分支，计算出的孔径分布表明：涡旋状、肺叶状、花状和球状 ZnO 的孔径分布计算值分别约为 13.2 nm，32.3 nm，23.6 nm 和 46.4 nm。众所周知，孔结构可以提供更多的隧道将气体转移到 ZnO 中，这可以增强测试气体的吸附，因此，提高了感测性能。除了孔结构之外，比表面积是传感器材料的理想特征。涡旋状、肺叶状、花状和球状 ZnO 的 BET 表面积分别为 19.7 m^2/g，37.9 m^2/g，26.3 m^2/g 和 56.2 m^2/g。从测量数据可以看出，在所有 4 个样品中，由于其异常多孔和间隙分层结构，球状 ZnO 呈现出最大的比表面积和孔径，预期其具有优异的气敏性能。

2.8.4　气体传感器性能

工作温度是半导体传感器重要的因素，气体传感器的灵敏度值在最佳工作温度时最高。为了确定最佳工作温度，在 150～550 ℃的工作温度范围，对由涡旋状、肺叶状、花状和球状 ZnO 制成的传感器作出 1×10^{-5} 以下的乙醇气体的响应的函数。这里，最佳工作温度被定义为传感器对目标气体具有最高响应的温度。如图 2.8.4 所示，涡旋状、肺叶状、花状和球状 ZnO 传感器对工作温度呈现峰形依赖。从图中可以看出，所有的响应曲线随着工作温度的增加而增加，然后当温度进一步升高时逐

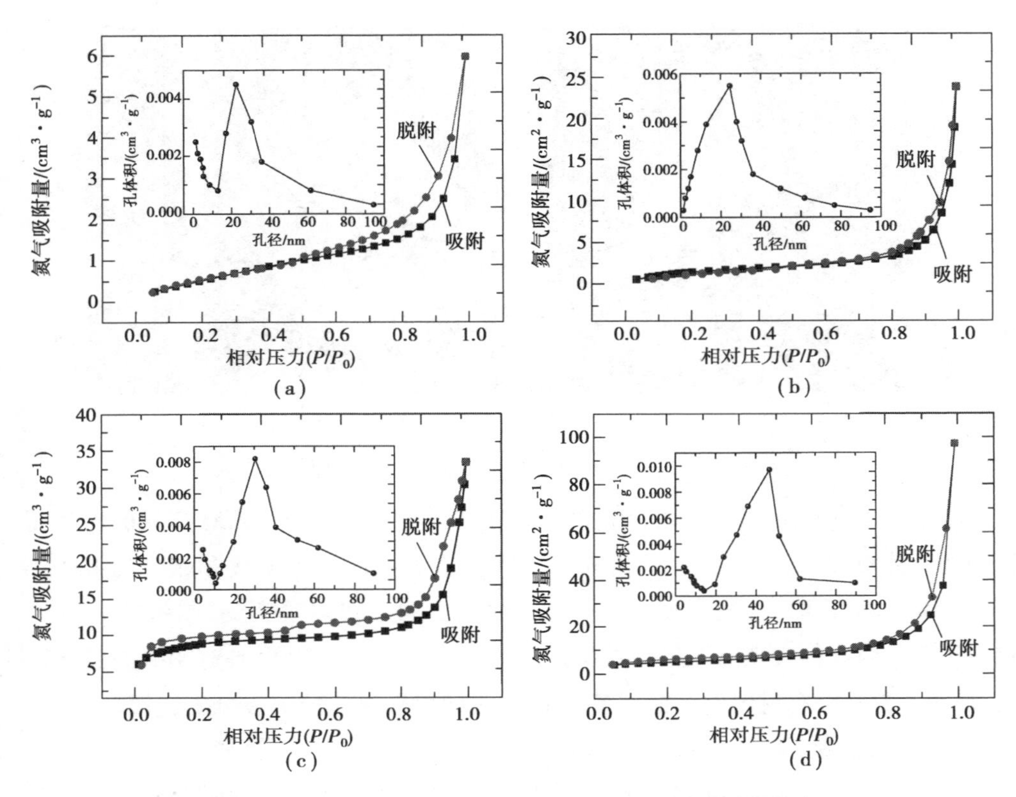

图 2.8.3 卷状、肺叶状、花状和球状 ZnO 的氮吸附脱附曲线图

渐降低。相对最佳工作温度可以做出如下解释:通常情况下,目标气体和吸附氧之间的反应性需要一定的活化能,这是通过提高反应温度而提供的。在低温下,吸附的目标气体分子没有足够的活化能去克服与吸附氧物质反应的活化能势垒,而在高温下,气体吸附很难完全地补偿增加的表面反应性。此外,可以观察到,在 300 ℃的最佳工作温度下,所有 ZnO 传感器具有最大的气体响应。涡旋状、肺叶状、花状和球状 ZnO 传感器的最大气体响应估计分别为 6.3,34.2,23.6 和 86.3。因此,300 ℃是涡旋状、肺叶状、花状和球状 ZnO 传感器的最佳工作温度,选择这个去进一步检查传感器的特性。在所有三个传感器中,由球状 ZnO 传感器制成的传感器在几乎所有测量的温度下对乙醇气体的响应最高,这表明球状 ZnO 的形态是进一步提高 ZnO 气敏性能的关键。显然,气体响应增强可归因于独特的球状层状结构具有最大比表面积,从而促进目标气体分子的吸附。

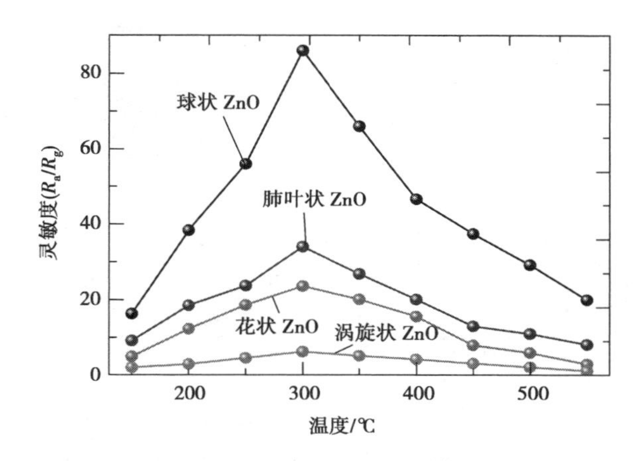

图 2.8.4　在 150～550 ℃的工作温度范围,对由涡旋状、肺叶状、花状和球状 ZnO 制成的传感器对乙醇的灵敏度

图 2.8.5 显示了在 300 ℃的工作温度下用涡旋状、肺叶状、花状和球状 ZnO 制造的传感器对乙醇的响应恢复特性。当测试气体进入时,气体响应急剧增加;当测试气体出去时,气体响应恢复到原始状态。四个传感器的关键区别在于球状 ZnO 传感器的响应以最急剧的方式增加。基于上述定义,对涡旋状 ZnO 传感器[图 2.8.5(a)]、肺叶状 ZnO 传感器[图 2.8.5(b)]、花状 ZnO 传感器[图 2.8.5(c)]和球状 ZnO 传感器[图 2.8.5(d)]的响应和恢复时间分别评估为 10 s 和 12 s、13 s 和 15 s、18 s 和 16 s、8 s 和 10 s。球状 ZnO 传感器显示出最短的响应和恢复时间,这表明吸附的气体分子可以以简单的方式从球状 ZnO 传感器的表面和内部解吸。这进一步表明,通过简单的水热法合成的球状 ZnO 的三维分层结构可能在改善气敏性能方面起关键作用,因此作为现场检测乙醇最有前途的传感材料。

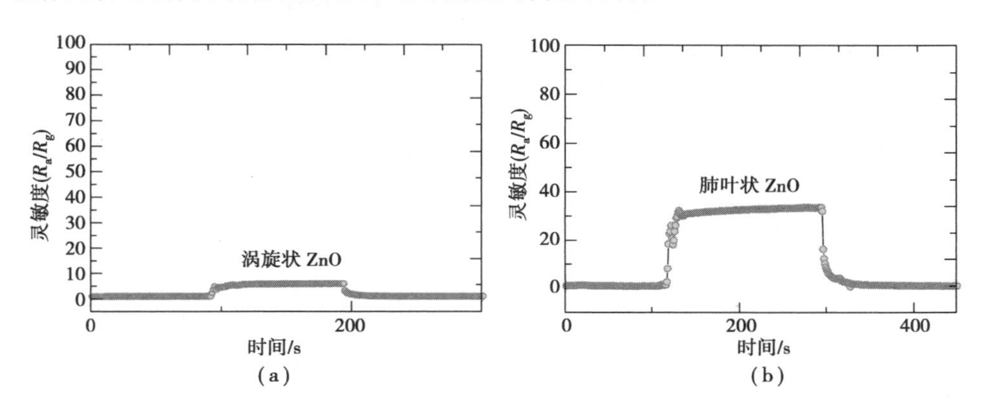

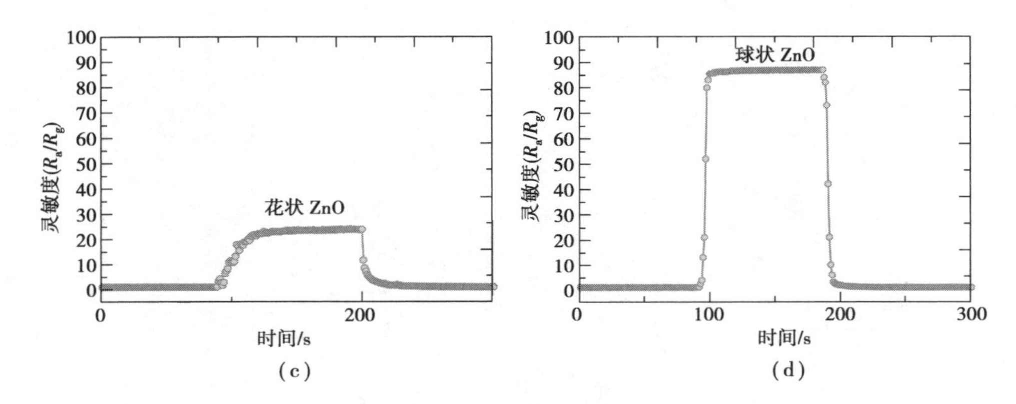

图 2.8.5　在 300 ℃的工作温度下用涡旋状、肺叶状、花状和球状 ZnO 制造的传感器对乙醇的响应恢复特性

关于检测乙醇的实际应用,我们进一步测量球状 ZnO 传感器在 300 ℃的最佳操作温度下的气敏特性。图 2.8.6 显示了球状 ZnO 传感器对不同浓度的乙醇气体的感测性能。当气体浓度增加到 4×10^{-5} 时,气体响应急剧增加,当浓度进一步增加,气体响应增加很缓慢。气体响应在乙醇浓度为 7×10^{-5} 时达到饱和。有趣的是,当气体浓度从 0.1 增加到 5×10^{-6}[图 2.8.6(a)的插图]时,气体响应几乎呈线性增加,这暗示着球状 ZnO 传感器甚至在低气体浓度下工作。图 2.8.7 显示出了在浓度 1×10^{-5} 下球状 ZnO 传感器对 7 种 VOC 气体的响应。结果表明,对乙醇的响应达到最大值 86.3。这意味着球形 ZnO 可以作为现场检测乙醇的有效材料。图 2.8.8 表示在不同浓度乙醇中气体响应呈现代表性的可逆循环,其中可以看到响应和恢复特性再现良好,没有明显的衰减。传感器的长期稳定性也在图 2.8.9 中确定。在不同条件下(0.5×10^{-6},1×10^{-6} 和 2×10^{-6} 乙醇)测试约 6 周内的气体反应演变。对于 0.5×10^{-6}、1×10^{-6} 和 2×10^{-6} 乙醇气体,气体响应分别略有变化,分别为 4.2%,3.1% 和 1.5%,这表明传感器在整个循环测试中具有良好的稳定性。这些意味着球状 ZnO 传感器在开发用于乙醇气体现场检测的实用传感器装置方面具有实际意义。

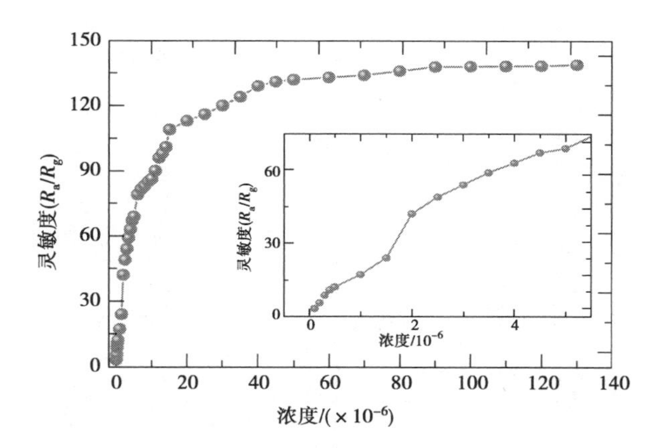

图 2.8.6　球状 ZnO 传感器对不同浓度的乙醇气体的感测性能

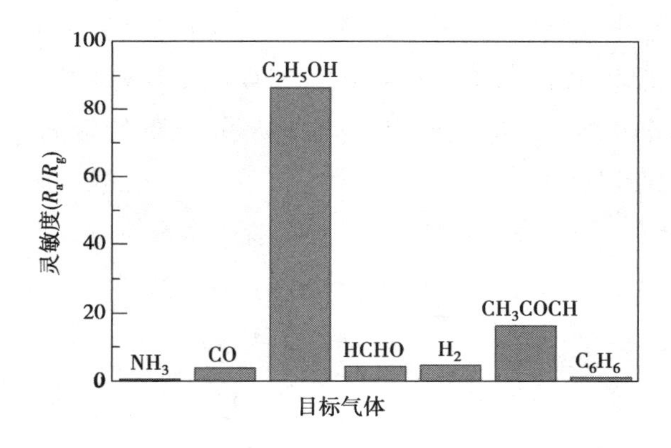

图 2.8.7　球状 ZnO 传感器在浓度 1×10^{-5} 下对 7 种 VOC 气体的响应

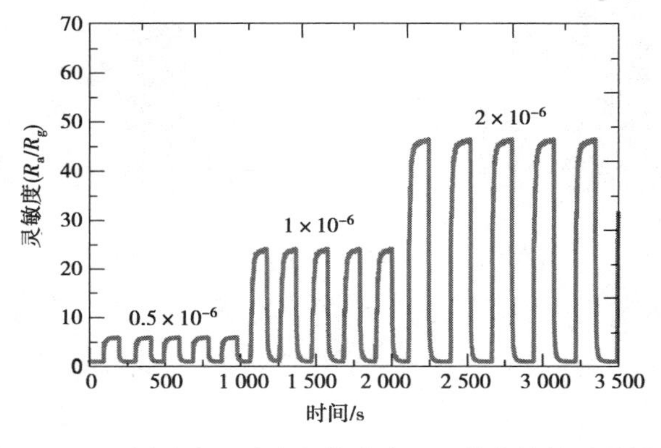

图 2.8.8　不同浓度乙醇中气体响应呈现代表性的可逆循环

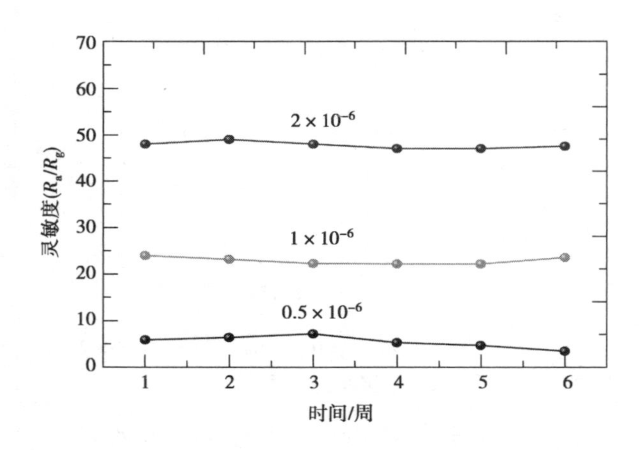

图 2.8.9　气体传感器的长期稳定性

对于由 ZnO 纳米片组装的 4 个 ZnO 分层结构，ZnO 传感器的感测机制是基于氧吸附产生的电阻变化。如图 2.8.10 所示，当 ZnO 纳米片暴露在空气中时，来自空气的氧分子吸附在 ZnO 纳米片的表面上，并通过从 ZnO 的导带捕获游离电子而离子化为 O^- 或 O^{2-}，根据以下等式：

$$O_{2(gas)} \longrightarrow O_{2(ads)}$$

$$O_2 + e^- \longrightarrow O^-_{2(ads)}$$

$$O_{2(ads)} + 2e^- \longrightarrow 2O^-_{(ads)}$$

$$\frac{1}{2}O_{2(ads)} + 2e^- \longrightarrow O^{2-}_{(ads)}$$

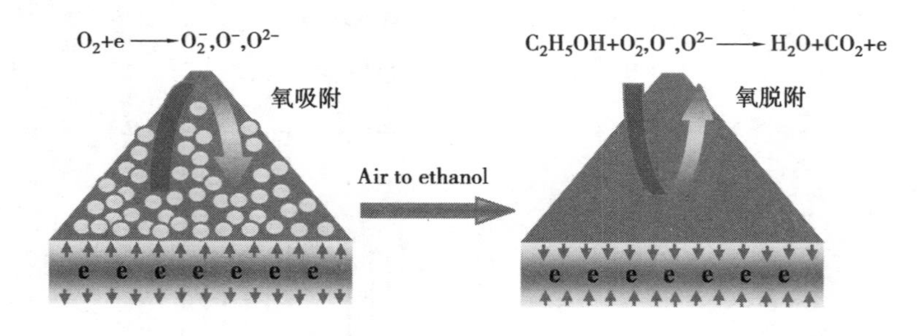

图 2.8.10　ZnO 材料的气体敏感机理

这导致形成电子耗尽层，其随后降低载体浓度。当 ZnO 传感器暴露于乙醇时，乙醇气体与 ZnO 纳米片表面上吸附的氧物质反应。乙醇的反应位点处于 O—H 键，这将破坏氧和氢之间的键。随后分子在吸附位点处通过氧化/燃烧产生电子，结果被俘获的电子被释放回 ZnO 的导带,增加了电子的浓度,最终提高了 ZnO 传感器的导电性。

2.8.5　小结

我们通过简单的无模板水热技术成功地制备了涡旋状、肺叶状、花状和球状 ZnO。事实上,已经制备好的 ZnO 分层结构由许多纳米片组装。球状 ZnO 由良好有序的二维纳米片组成,具有最大比表面积和孔径分布。气体感应测量显示,在最佳温度 350 ℃ 由球状 ZnO 制成的传感器显示气体对浓度为 1×10^{-5} 乙醇响应高达 86.3。这些包括 10 s 和 12 s 的响应和恢复时间,在乙醇的低浓度为 0.1×10^{-6} ~ 5×10^{-6} 下具有优异的选择性、稳定性甚至良好的气体检测性能,证明球状 ZnO 可能对开发用于有效现场检测乙醇气体的传感器装置有前途。

2.9　超薄六边形 ZnO 纳米片的水热合成及气敏性能研究

2.9.1　引言

ZnO 作为一种 N 型半导体,因其电化学稳定性高、无毒、在自然界中储量丰富等特性,已被广泛用作检测有毒或有害气体的气敏材料。近年来的研究表明,形貌对纳米材料的气敏性能有重要影响。例如,ZnO 的一维(1D)结构,如纳米线、纳米棒和纳米带,以及它们的分层结构已被广泛应用于气体传感器。到目前为止,对多边形纳米片气体传感器的研究还很少。

研究表明,气敏材料的尺寸和形态在提高气敏性能方面往往发挥重要作用。在本研究中,我们成功地通过一种简单而经济的水热法合成了薄六边形 ZnO 纳米片。对制备的纳米片的结晶度、形貌和微观结构进行了研究,并在此基础上讨论了可能的形成机理。结果表明,制备的六边形 ZnO 纳米片对甲醛气体具有良好的气敏性能。

2.9.2　实验

首先,将醋酸锌[$Zn(CH_3COOH)_2 \cdot 2H_2O$](1 mM)、六亚甲基四胺(HMT)(0.5 mM)、十六烷基三甲基溴化铵(CTBA)(0.05 g)溶于 40 mL 的去离子水中,再用磁力搅拌

器强力搅拌 1 h。然后将溶液转移到高压反应釜中，加热至 120 ℃并保持 12 h。最后，通过离心收集白色产物，用蒸馏水和乙醇洗涤去除多余的离子，并在 60 ℃空气中干燥。

2.9.3　结果与讨论

图 2.9.1 为制备的 ZnO 的典型 XRD 衍射谱图。样品的所有衍射峰对应于纤锌矿型 ZnO(JCPDS 卡 No. 36-1451)，没有任何杂峰出现，表明最终产品的纯度高。此外，我们还注意到一些强烈而尖锐的衍射峰，这表明制备的 ZnO 是高度结晶的。

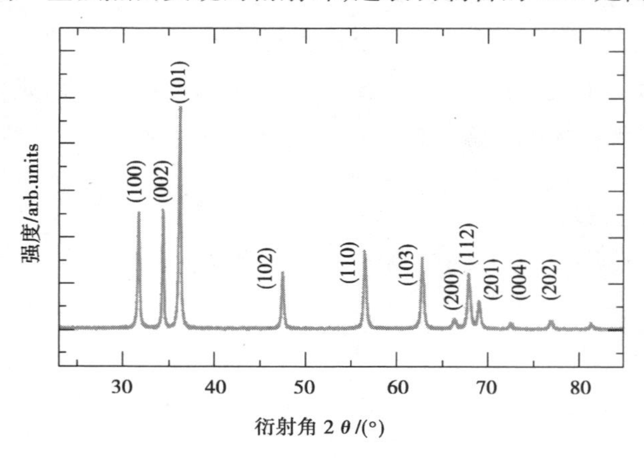

图 2.9.1　ZnO 的 XRD 衍射图谱

图 2.9.2(a)—(f) 显示了制备产物的 SEM 和 TEM 图像。从图 2.9.2(a) 可以看出，合成的 ZnO 产物呈均匀的六边形纳米片，这些纳米片的尺寸非常小，层数也非常薄，但并没有聚集在一起。单个六边形纳米片的放大 SEM 图像如图 2.9.2 (b) 和 (c) 所示，从中可以确定这些完美的六边形纳米片的厚度和边长约为 17 nm 和 90 nm。图 2.9.2(d) 显示了六边形纳米片的 TEM 图像，可以发现该薄片黑白分明，这表明六边形纳米片很薄。图 2.9.2(e) 显示了六边形 ZnO 纳米片边缘区域的 TEM 图像，清楚地表明纳米片是由纳米粒子组装而成的。图 2.9.2(f) 为纳米粒子的高分辨率 HRTEM 图像，从图 2.9.2(f) 中可以清楚地看到晶格条纹，相邻晶格间距约为 0.26 nm，与六方纤锌矿 ZnO(0001) 晶面间距相当，表明制备产物为 ZnO。

图 2.9.2　六边形 ZnO 的 SEM 和 TEM 图

图 2.9.3 为六边形纳米片的形成机理图。报道指出，极性 ZnO 晶体通常在含有 OH^- 的水溶液中倾向于长成细长型棒状晶体。ZnO 晶体的极性（0001）和［0001（-）］面具有相同的原子密度，但最外层晶面原子的组成不同。正极性晶面（0001）的最外层是 Zn^{2+}，带正电。负极性面（0001）面由 O^{2-} 组成，带负电。此外，ZnO 晶体沿（0001）方向的极性生长是通过［$Zn(OH)_4$］$^{2-}$ 在 ZnO 的（0001）平面上进行的。

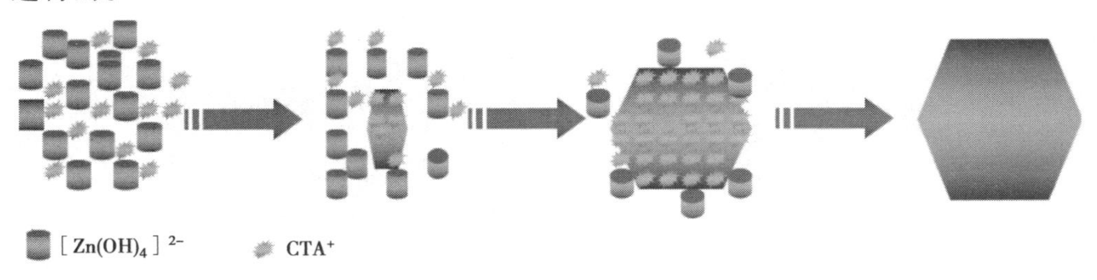

图 2.9.3　六边形纳米片的形成机理图

在合成体系中，HMT 在水热过程中水解释放 OH^-，OH^- 离子随后与 Zn^{2+} 反应形成$[Zn(OH)_4]^{2-}$，它是 ZnO 的生长单元。在温和的条件下，ZnO 通过均匀的沉淀最终形成。

$$(CH_2)_6N_4+6H_2O \rightleftharpoons 4NH_3+6HCHO$$

$$NH_3+H_2O \rightleftharpoons NH_3 \cdot H_2O \rightleftharpoons NH_4^+ +OH^-$$

$$Zn^{2+}+2OH^- \rightleftharpoons Zn(OH)_2 \downarrow \xrightleftharpoons{2OH^-} Zn(OH)_4^{2-} \xrightleftharpoons{\triangle} ZnO+H_2O$$

然而，CTAB 被添加到反应液中时，CTAB 是阳离子表面活性剂，当 CTAB 溶于水时，CTAB 完全电离，形成 CTA^+。在早期，溶液中的 $Zn(OH)_4^{2-}$ 与 CTAB 释放的 CTA^+结合形成离子对。然后，带负电荷的离子对选择性地附着在带正电荷 ZnO (0001)晶面，同时在疏水的(CTA^+)尾部排列成薄膜。这种疏水薄膜可以抑制$[Zn(OH)_4]^{2-}$吸附在(0001)面上。因此，ZnO 沿(0001)方向的生长被大大抑制，晶体向一侧生长，最终形成六方片状的 ZnO 晶体。

为了深入了解六方 ZnO 纳米片的性能，我们进一步研究了它们的气敏特性。图 2.9.4 给出了在甲醛浓度为 5×10^{-5} 的条件下，纳米片在 200 ~ 500 ℃不同工作温度下的灵敏度。显然，灵敏度在温度低至 350 ℃时达到最大值 37.8，并随着温度的进一步升高而逐渐降低，确定其最佳工作温度为 350 ℃。图 2.9.5 为超薄 ZnO 纳米片制成的传感器在最佳温度 350 ℃下对 5×10^{-5} 甲醛的响应和恢复时间，结果表明该传感器具有快速的响应-恢复过程，响应时间约为 9 s，恢复时间约为 11 s。

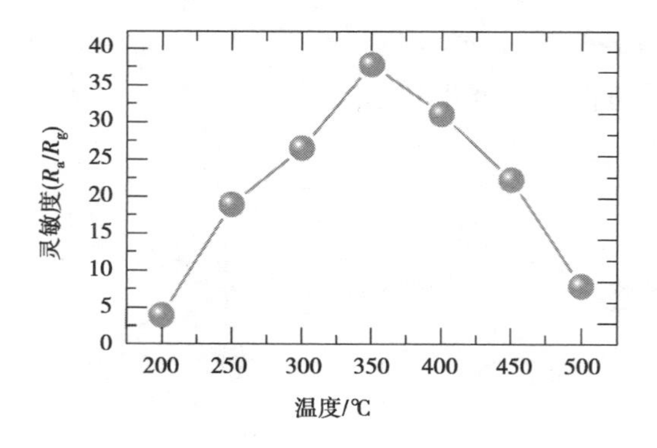

图 2.9.4　在 200 ~ 500 ℃的操作温度范围，ZnO 气体传感器对甲醛的灵敏度

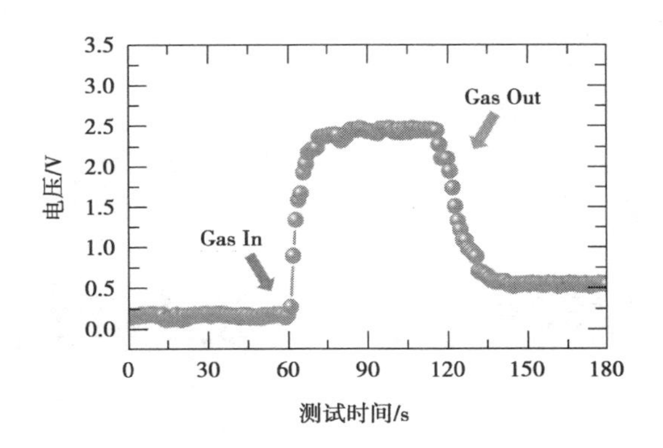

图 2.9.5　ZnO 气体传感器在 350 ℃的操作温度下
对甲醛的响应恢复特性

一旦 ZnO 纳米片暴露在空气中,氧分子可以捕获它们的自由电子,形成化学吸附的氧气物种如 O_2^-,O^{2-}和 O^-从而导致高阻状态。被吸收的 O 会引起电子耗尽层,使表面能带弯曲,增加材料的能量势垒(即电阻增大)。一旦还原性气体被引入,它与 ZnO 表面的化学吸附氧发生反应,从而释放被捕获的电子回到 ZnO 的导带。这一过程可以显著增加 ZnO 中的电子浓度,从而提高其导电性(即电阻减小)。众所周知,金属氧化物气体传感器的响应在很大程度上依赖传感材料的大小和尺寸,尺寸接近德拜长度的材料往往可以表现出良好的气敏性能。报道指出,当纳米材料的尺寸接近 15 nm 的临界值(ZnO 的德拜长度 $2L_D$,在 325 ℃下约 15 nm),对材料的气敏性能增强变得非常明显。在本书中,所制备的 ZnO 纳米片的厚度为 17 nm,这意味着整个纳米片在空气中都被电子耗尽,从而产生了最大的电阻。一旦暴露在甲醛中,先前被氧捕获的电子就会返还到 ZnO,由于甲醛与氧之间的相互作用,使 ZnO 的电阻急剧下降,电阻变化很大,即大幅度增加了材料的气敏性能。

2.9.4　小结

通过简单而有效的水热法,我们成功地制备了厚度为 17 nm 的六方 ZnO 纳米片。我们研究了添加剂对纳米片形态演变的影响,并考察了所制备的传感器的气敏性能;发现 CTAB 添加剂可吸附在(0001)表面,抑制了 ZnO 生长成长棒状,促使它形成 ZnO 纳米片。进一步的气敏测试表明,在最佳温度 350 ℃下,六方 ZnO 纳米片对 5×10^{-5} 甲醛气体的气体响应为 37.8,响应时间和恢复时间分别为 9 s 和 11 s。

第3章 ZnO的元素掺杂改性及气敏性能增强机制

随着技术的发展,人类对环境和人身安全越来越关注。在家具和装修中经常存在少量的甲醛气体,甲醛对人类的身体健康有巨大的威胁,因此开发一种能够检测低浓度的甲醛气体敏感材料引起了人们的普遍关注。ZnO是一种宽禁带半导体金属氧化物,禁带宽度为3.2 eV,被广泛地应用于电池、太阳能、超级电容器、气体传感器等领域中。目前,其在气体传感领域中的领域引起了研究人员的关注。

从目前的研究来看,关于ZnO在气体传感器领域的研究主要集中在调控其形貌,尤其是具有较大比表面积的分层结构。另一方面,用不同的元素掺杂ZnO,例如贵金属元素、稀土元素、过渡金属元素等能够改变ZnO的表面电子态,从而提高ZnO的性能。

3.1 一种Fe掺杂的ZnO片球及低浓度甲醛气体气敏性能研究

3.1.1 引言

在本节中,我们用简单水热法制备出了具有较大比表面积的分层结构的ZnO片球,详细地研究了溶液组成比例和水热时间对该ZnO片球形貌演变的影响并提出了它的的生长机理;然后将Fe元素掺杂到这种独特结构的ZnO微球中,结果表明Fe掺杂显著地提高了气敏性能。

3.1.2　Fe 掺杂 ZnO 片球的合成

Fe 掺杂 ZnO 片球都是采用水热法制备的。首先将乙酸锌(2 mM)、柠檬酸钠和一定量的柠檬酸铋(3 mM)(Bi/Zn 的摩尔比为 0，1%，2.5%，4% 和 5.5%)加入到 20 mL 去离子水中，磁力搅拌 20 min 直到乙酸锌完全溶解到溶液中。然后将 20 mL 0.8 mol/L 的氢氧化钠溶液缓慢地倒入上述溶液中，磁力搅拌 30 min。最后将该混合溶液转入 50 mL 的聚四氟乙烯的高压反应釜中 140 ℃水热 8 h，反应结束后随炉冷却，待冷却结束后打开反应釜，将溶液的上清液部分倒掉，保留底层的产物并将其倒入离心管中，采用高速离心机收集白色沉淀，再将收集到的白色沉淀用去离子水和无水乙醇多次清洗，并在 60 ℃空气气氛下烘干 4 h，取出产物，进行研磨，待全部研磨成粉末状时即得样品。

3.1.3　结果与讨论

图 3.1.1 所示为制备的样品的 XRD 衍射图谱，从图中可以看出掺杂 Fe 量为 0～2.5% 的 ZnO 样品与标准的纯 ZnO 的 XRD 衍射谱相对应，未发现其他的杂峰。当掺杂量大于 2.5% 时，在 ZnO 的 XRD 衍射谱中出现了 $ZnFe_2O_4$ 的衍射峰，图中星号标注。此外由图 3.1.1(b)可以看出随着掺杂量由 1% 增加到 5.5%，与纯 ZnO 相比，对应的衍射峰相应地向高角度偏移，这表明 Fe 掺杂后改变了 ZnO 的晶格参数。掺杂后 ZnO 的晶格常数和晶粒尺寸随着掺杂量的升高而增大，也表明 Fe 元素成功掺进了 ZnO 晶体中。

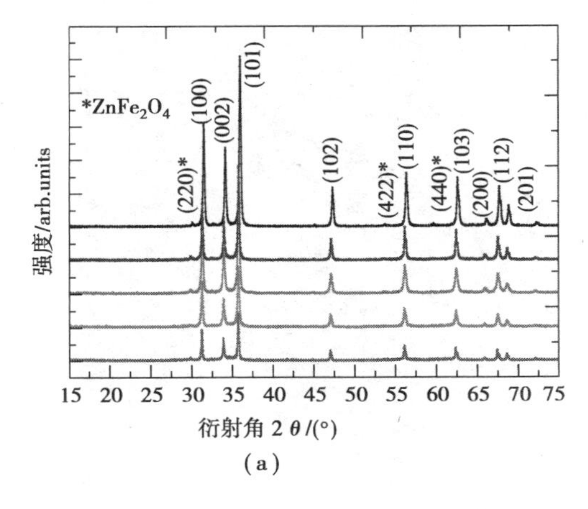

(a)

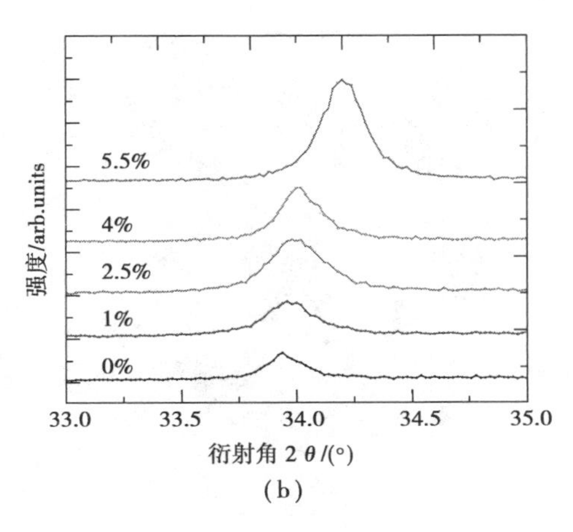

(b)

图 3.1.1　掺杂不同比率 Bi 的 ZnO 片球的 XRD 衍射图谱和不同样品在(002)方向上的衍射峰

如图 3.1.2 所示,我们对未掺杂和掺杂 Fe 后的 ZnO 样品进行了 SEM 检测,图 3.1.2(a)为纯的 ZnO 的低倍 SEM 照片,可以发现制备的 ZnO 为球形,这些 ZnO 球的平均尺寸约为 2 μm,通过高倍 SEM 照片发现这些 ZnO 球体是由一些很薄的纳米片自组装而成,纳米薄片的平均厚度约为 30 nm。此外,这些纳米片纵横交错地组装在一起,形成了大量的间隙和孔洞,将为气体分子提供更多的通道,同时增加了材料的比表面积,促进了气敏性能的提高。进一步的 TEM 照片证实该 ZnO 纳米球是由厚度为 30 nm 左右的纳米片组装而成,并对其单个纳米片进行 TEM 照射,其晶面间距为 0.26 nm,这与 ZnO 的(001)晶面的晶面间距相符合,单个 ZnO 纳米片的选区衍射斑点表明这些纳米片均为单晶结构。因此,我们采用水热法合成这种独特的 ZnO 纳米片球。

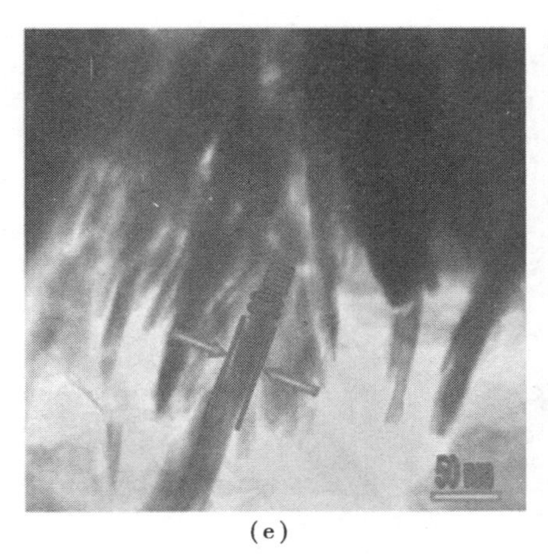

(e)

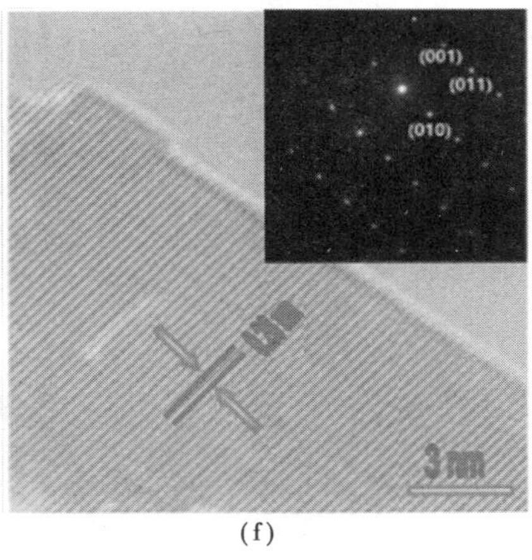

(f)

图3.1.2　未掺杂的ZnO样品SEM检测与TEM检测

Fe掺杂的ZnO如图3.1.3所示，当掺少量的Fe时(质量分数为1%，2.5%)，ZnO的形貌和尺寸几乎没有发生很大的改变。随着Fe掺杂量的增加，ZnO纳米片球的尺寸减小，并且其形貌产生了破坏。我们对掺杂量为2.5%和4%的ZnO进行了TEM分析，如图3.1.4所示，发现它们的形貌基本都呈球形，并且也都是由纳米薄片组成的。我们对组成的纳米薄片边缘进行了TEM分析，2.5%的晶格条纹非常均匀，大部分都跟纯的ZnO一样，但是有些区域的晶格条纹变得模糊并产生了扭曲，这是因为Fe掺杂产生了晶格缺陷造成的。掺杂4% Fe后的ZnO晶格条纹变得比较混乱，并且也有条纹的扭曲现象，表明有晶格缺陷的产生，但是值得注意的是，在晶体中出现了$ZnFe_2O_4$的晶格条纹，并随机分布在ZnO晶体中。这就表明掺杂量大于2.5%时，不仅引入了缺陷，而且在晶体中开始出现第二相$ZnFe_2O_4$，这与XRD的衍射结果对应。

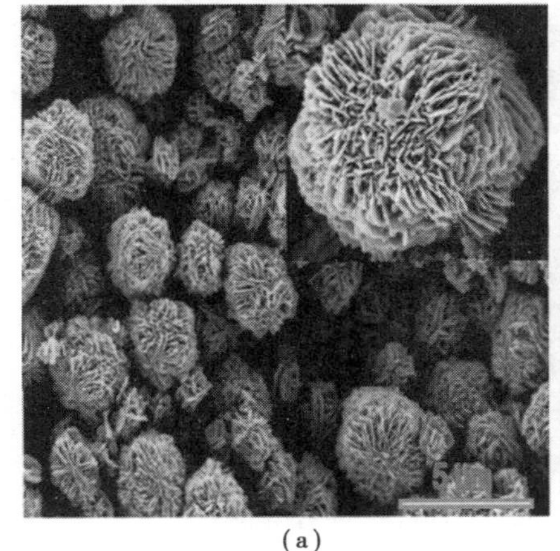

(a)

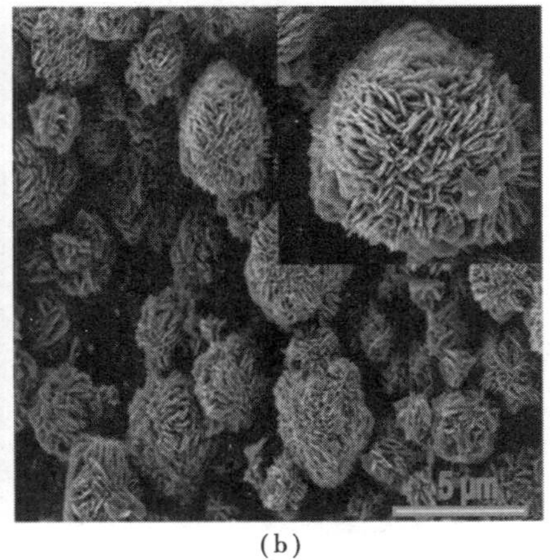

(b)

图3.1.3　掺杂Fe后的ZnO样品的SEM检测

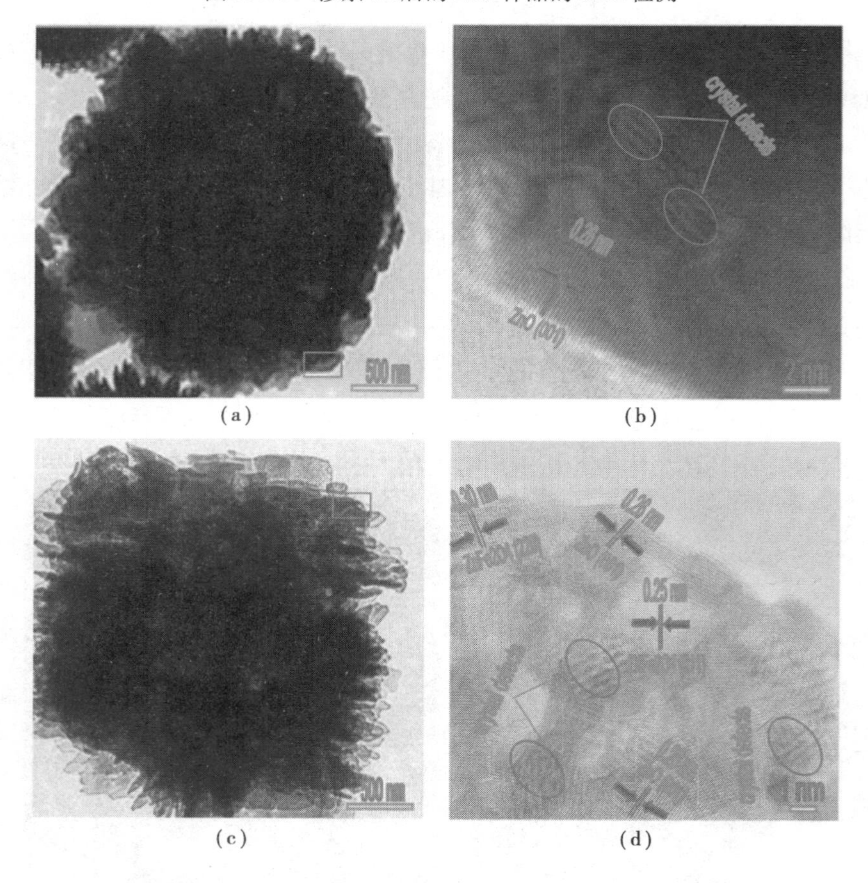

图3.1.4　Fe掺杂量为2.5%和4%的ZnO的TEM图

我们对制备的样品进行了 BET 测试，由图 3.1.5 的吸附曲线可以看出，在 ZnO 样品中存在着间隙孔，这由孔径分布曲线也可以证明。此外，滞回曲线表明在样品中存在毛细孔。样品的孔径分布为 5 ~7 nm。对于多孔材料来说，孔径的尺寸越大，孔的体积和内比表面积越大，从而有更多的反应位点，提高了材料的气敏性能。同时，孔的尺寸越大，气体分子越容易弥散到孔中，并在其表面产生吸、脱附反应，降低材料的响应恢复时间。纯 ZnO，1%，2.5%，4% 和 5.5% Fe 掺杂的 ZnO 比表面积测试值为（53.9 m^2/g 和 0.073 cm^3/g），（52.1 m^2/g 和 0.068 cm^3/g），（51.3 m^2/g 和 0.061 cm^3/g），（33.4 m^2/g 和 0.041 cm^3/g），（21.1 m^2/g 和 0.029 cm^3/g）。可以看出，纯 ZnO，1%，2.5% Fe 掺杂的 ZnO 几乎拥有相同的比表面积与孔体积。但是，随着 Bi 掺杂量的提高，当掺杂量大于 4% 时，材料的比表面积和孔体积迅速降低，这对材料的气敏性能是不利的。这是由于低掺杂 Fe 时，对材料的结构几乎没有破坏，当掺杂量大于 4% 时，将对 ZnO 片球形貌产生破坏，这与 SEM 结果相符合。

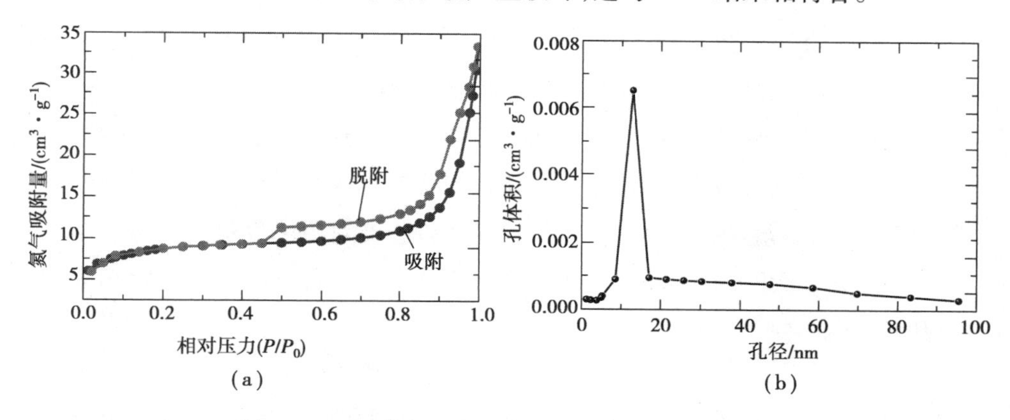

图 3.1.5　Fe 掺杂量为 2.5% 的 ZnO 的 BET 测试图

3.1.4　气体传感器性能

我们对掺杂和未掺杂的 ZnO 片球进行了气敏性能测试。首先测试了它们在温度为 150 ~450 ℃时对 1×10^{-5} 甲醛气体的灵敏度如图 3.1.6 所示，发现所有的材料在 300 ℃时对甲醛气体具有最高的灵敏度，纯 ZnO，1%，2.5%，4% 和 5.5% Fe 掺杂的 ZnO 的灵敏度分别为：4.7，11.2，33.1，17.3 和 15.1。结果表明，2.5% Fe 掺杂的 ZnO 具有最好的气敏性能，约是纯 ZnO 的 7 倍。

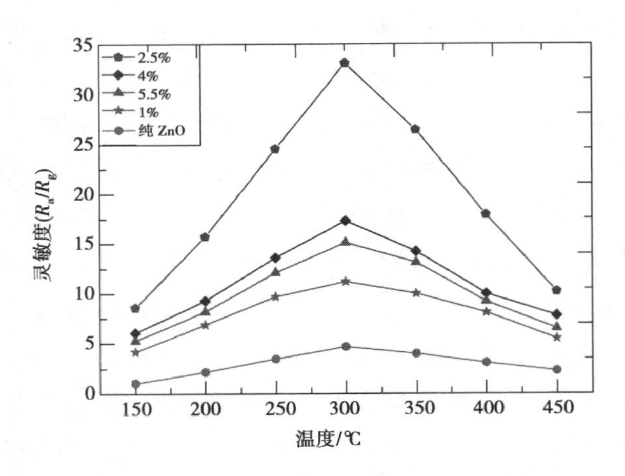

图 3.1.6 掺杂和未掺杂的 ZnO 片球在温度为150～450 ℃时对 1×10^{-5} 甲醛气体的灵敏度

图 3.1.7 为该 Fe 掺杂 ZnO 纳米片球和未掺杂的 ZnO 纳米片球制成的气敏传感器在 300 ℃的工作温度下对 1×10^{-5} 的各种有机气体的灵敏度，包括氨气、丙酮、甲醛、一氧化碳和苯。从图中可以看出传感器对氨气、丙酮、一氧化碳和苯有很小的灵敏度，而它对甲醛的灵敏度很高，由此可知该传感器在这些有机气体中对甲醛具有选择性探测作用。尤其是 2.5% Fe 掺杂的气体传感器对甲醛气体的灵敏度是其他气体的 2～8 倍，而纯 ZnO 对甲醛气体的灵敏度是其他气体的 1.3～2.4 倍，表明掺杂铁很明显地提高了 ZnO 片球的选择性。

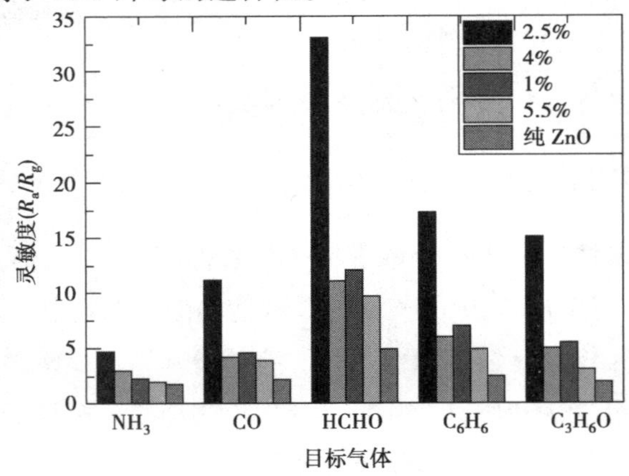

图 3.1.7 Fe 掺杂 ZnO 纳米片球和未掺杂的 ZnO 纳米片球制成的气敏传感器在 300 ℃的工作温度下对 1×10^{-5} 的各种有机气体的灵敏度

相对应的在 300 ℃工作温度下的纯 ZnO,1% ,2.5% ,4% 和 5.5% Fe 掺杂的 ZnO 对不同浓度气体的响应恢复曲线如图 3.1.8 所示,可以看出所有材料的灵敏度都随着气体浓度的升高而升高,并且 2.5% Fe 掺杂的 ZnO 在所有的浓度下都比其他材料具有更高的灵敏度。此外,通过观察各传感器的响应恢复时间发现 2.5% Fe 掺杂的 ZnO 拥有更短的响应恢复时间,此外,纯 ZnO,1% ,2.5% Fe 掺杂的 ZnO 也均比 4% 和 5.5% Fe 掺杂的 ZnO 的响应恢复时间要短,这与比表面积的测试结构相吻合。这是因为掺杂量超过 2.5% 时,会破坏 ZnO 片球的分层结构,其中的孔道和间隙被堵塞,气体无法顺畅地进入材料内部,从而延长了其响应恢复时间,降低了材料的灵敏度。因此,2.5% Fe 是最优化的掺杂浓度,其响应恢复时间为 42 s 和 11 s。

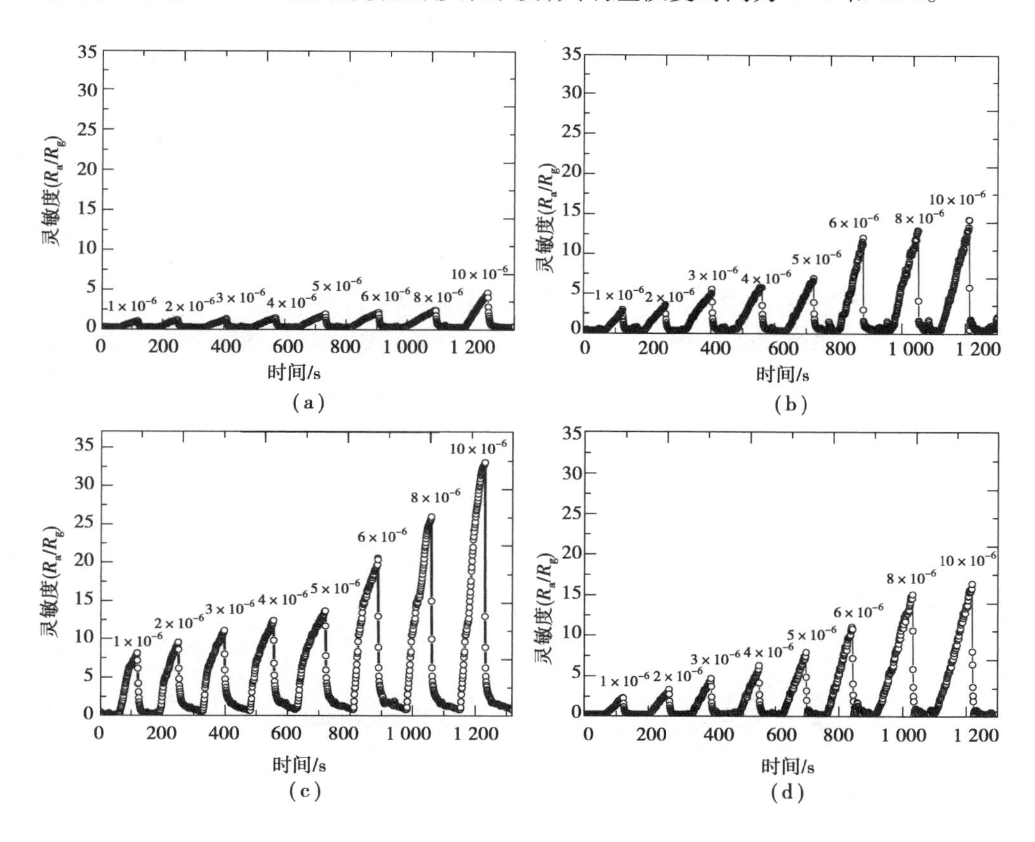

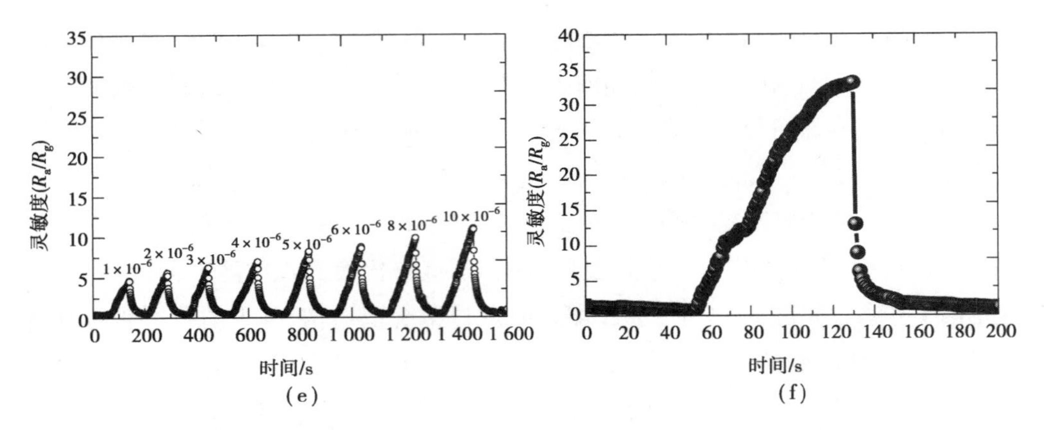

图 3.1.8　在 300 ℃工作温度下的纯 ZnO,1%,2.5%,4% 和 5.5% Fe 掺杂的 ZnO 对不同浓度气体的响应恢复曲线

3.1.5　气敏机理分析

为了深入了解 Fe 掺杂对 ZnO 气敏性能影响的机理,我们对其进行了紫外-可见光谱分析,如图 3.1.9 所示,可以看到所有的样品在紫外光区 390 nm 左右有强烈的吸收,与纯 ZnO 相比,Fe 掺杂的 ZnO 产生了明显的红移现象,这种红移现象是因为 ZnO 掺入 Fe 后,形成了新的掺杂能带。作为一种直接带隙半导体吸附常数和声子能量之间的关系可以用公式表示为:

$$\alpha h\upsilon = C(h\upsilon - E_g)^{\frac{1}{2}}$$

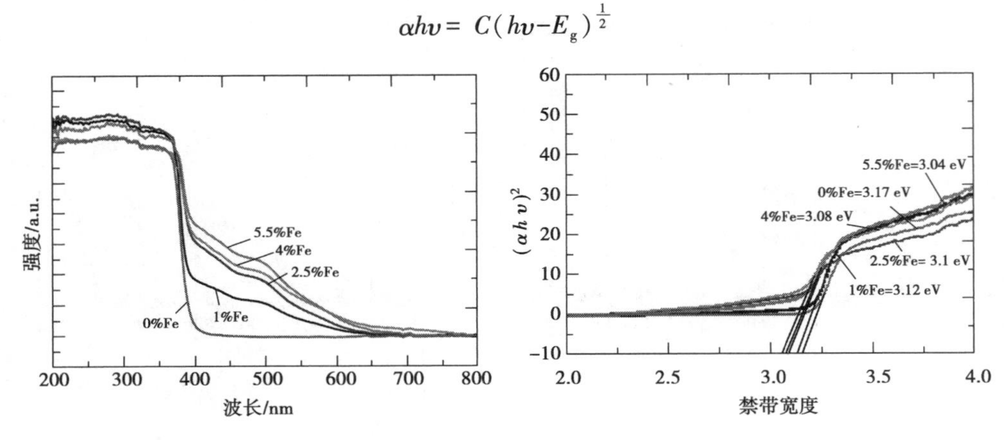

图 3.1.9　纯 ZnO,1%,2.5%,4% 和 5.5% Fe 掺杂的 ZnO 的紫外光谱分析及禁带宽度变化

这里 C 是常数，E_g 是禁带宽度。根据公式对该紫外吸收曲线进行变换可得到图 3.1.9(b) 所示的曲线，可以看出纯 ZnO，1%，2.5%，4% 和 5.5% Fe 掺杂的 ZnO 的禁带宽度分别为 3.17，3.12，3.1，3.08 和 3.04 eV，掺杂后，ZnO 的禁带宽度变窄，这是因为 Fe 元素掺杂后形成的杂质能带造成的。禁带宽度变窄，有利于电子的跃迁，提高了材料的气敏性能。

尽管掺杂 Fe 显著地改变了材料的禁带宽度，改善了 ZnO 的气敏性能，其仍然有一个最佳掺杂浓度，气敏性能研究表明最佳掺杂浓度为 2.5%，进一步增加 Fe 的浓度会降低气敏性能。在较低的 Fe 掺杂浓度下，掺杂的 Fe 会产生杂质能级从而降低禁带宽度，有利于电子跃迁。电子就更容易与空气的氧气形成吸附氧附着在材料表面，有利于气敏反应的产生。然而值得指出的是，气敏性能会随着 Fe 掺杂浓度的升高而降低，当 Fe 的掺杂量超过 2.5% 时，在 ZnO 中的溶解达到了饱和，富余的 Fe^{3+} 与 Zn^{2+}，OH^- 生成了 $ZnFe_2O_4$ 前驱体，随机地分布在 ZnO 晶体的晶界上，增加了接触电阻，相应地吸附在材料表面上的氧负离子也降低了材料的气敏性能。

ZnO 是一种表面控制型气体传感材料，其表面的吸附氧将决定其气敏性能的好坏，而其表面缺陷与吸附氧有直接关系。ZnO 晶体材料的缺陷包含锌缺陷：锌间隙（Zn_i）、锌空位（V_{Zn}）、Zn 取代（Zn_O），以及氧缺陷：氧间隙（O_i）、氧空位（V_O）、氧取代（O_{Zn}），其中 Zn_O 需要很高的能量才能生成，并且极不稳定，可以被排除。因此，ZnO 晶体表面缺陷主要由锌间隙（Zn_i）、锌空位（V_{Zn}）、氧间隙（O_i）、氧空位（V_O）、氧取代（O_{Zn}）组成。在这 5 种缺陷中，Zn_i 与 V_O 产生自由电子，被称为施主缺陷，V_{Zn}，O_i，和 O_{Zn} 消耗自由电子，称为受主缺陷。因此，材料中受主缺陷的多少决定着自由电子的多少，也就决定材料表面吸附氧的数量，从而控制材料的气敏性能。

众所周知，ZnO 材料发光是由于光生空穴和电子的复合或者本征缺陷产生的，因此采用光致发光光谱来检测 ZnO 材料的缺陷分布。如图 3.1.10 所示，在 360 ~ 600 nm 的光致发光光谱范围内，可以用高斯分峰法分成 7 个部分，395 nm 与 420 nm 对应 Zn_i，460 nm 对应 V_{Zn}，490 nm 对应 V_O，520 nm 对应 O_{Zn}，540 nm 对应 O_i，通过图中的统计可知：2.5% Fe 掺杂的 ZnO 拥有更高的施主缺陷（Zn_i+V_O）64.9% 和更少的受主缺陷（$V_{Zn}+O_i+O_{Zn}$）29.1%，未掺杂的 ZnO 的施主缺陷（Zn_i+V_O）25.7，受主缺陷（$V_{Zn}+O_i+O_{Zn}$）70.6%。因此，2.5% Fe 掺杂的 ZnO 拥有更多的施主缺陷，从而拥有更多的吸附氧，提高了其气敏性能。

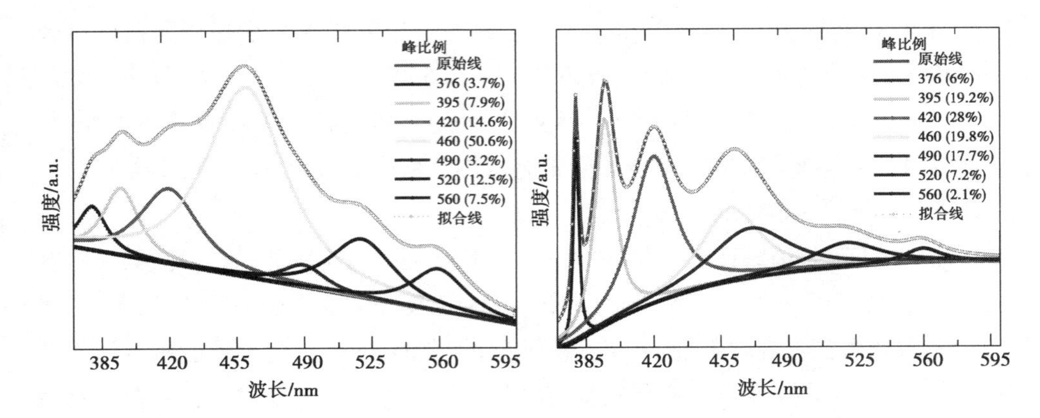

图 3.1.10　纯 ZnO,1%,2.5%,4% 和 5.5% Fe 掺杂的 ZnO 的光致发光光谱分析

ZnO 是一种典型的 N 型半导体,氧空位缺陷是其最重要的一种缺陷。氧空位根据电荷态的不同可以分为三种,Vo^{o}(中性氧原子空位),$Vo^{\cdot}$ 和 $Vo^{\cdot\cdot}$。在掺杂的样品中,Zn^{2+} 在 ZnO 晶格中很容易被 Fe^{3+} 取代产生施主缺陷($Fe_{Zn}{\cdot}$):

$$Fe_2O_{3(s)} \xrightarrow{ZnO} 2Fe_{Zn}{\cdot} + 3O_O^X + 2e^-$$

$Fe_{Zn}{\cdot}$ 是 Fe 离子取代晶格中的 Zn 离子带有一个正电荷,O_O^X 是晶格中的中性氧。根据晶体结构分析,Fe 离子每取代晶格中的 Zn 离子就会产生两个电子,从而改变晶体材料中的缺陷平衡,创造了更多的吸附氧,加速了晶体表面的还原反应。

当样品暴露在空气中时,空气的氧气与半导体晶体表面的电子产生吸附反应形成吸附氧:

$$O_{2(gas)} \longrightarrow O_{2(ads)}$$

$$O_2 + e^- \longrightarrow O_{2(ads)}^-$$

$$O_{2(ads)} + 2e^- \longrightarrow 2O_{(ads)}^-$$

$$\frac{1}{2}O_{2(ads)} + 2e^- \longrightarrow O_{(ads)}^{2-}$$

当将样品置于还原性气体 HCHO 中时,甲醛分子就与吸附氧中的电子产生还原反应:

$$HCHO_{(gas)} + O_{2(ads)}^- \longrightarrow H_2O + CO_2 + e^-$$

$$HCHO_{(gas)} + 2O_{(ads)}^- \longrightarrow H_2O + CO_2 + 2e^-$$

$$HCHO_{(gas)} + 2O_{(ads)}^{2-} \longrightarrow H_2O + CO_2 + 4e^-$$

图 3.1.11 所示为高分辨的 XPS 分析,分别分析了 Zn 2p, O 1s, Fe 2p 态。图 3.1.11(a)为未掺杂的 ZnO 的 Zn 2p 态对应的峰在 1 021.9 和 1 044.9 eV,对应

着 Zn $2p_{3/2}$和 Zn $2p_{1/2}$ 的自旋轨道,表明锌是以氧化态存在于样品中的,而在 Fe 掺杂的 ZnO 中,存在着 1 021.9 ~1 022.5 eV 对应 Zn $2p_{3/2}$ 和 1 044.9 ~1 045.5 eV 对应 Zn $2p_{1/2}$。图 3.1.11(b)中,710.7 和 724.4 eV 对应 Fe $2p_{3/2}$与 Fe $2p_{1/2}$ 态。图 3.1.11(c)和图 3.1.11(d)为采用高斯分峰法对 ZnO 和 2.5% Fe 掺杂的 ZnO 中的 O1s 态进行了分析,其中 O1 和 O2 分别对应530.0 eV (O1) 和532.0 eV (O2),其中 O1 对应着化合氧,不参与气敏反应,而 O2 则对应着氧空位。从图中可以很明显地发现,2.5% Fe 掺杂的 ZnO 含有更多的 O2,即具有更多的氧空位,促进了材料气敏性能的提高。这些结果表明 Fe 掺杂能够改变表面态,创造更多的氧空位,促进了材料气敏性能的提高。当 ZnO 气体传感器置于 HCHO 气体中时,HCHO 分子会吸附在这些氧空位上并得到电子,降低了材料的电导。另一方面,HCHO 气体与吸附氧产生反应,将电子消耗增加了材料的电导,从而产生气敏性能的提高。

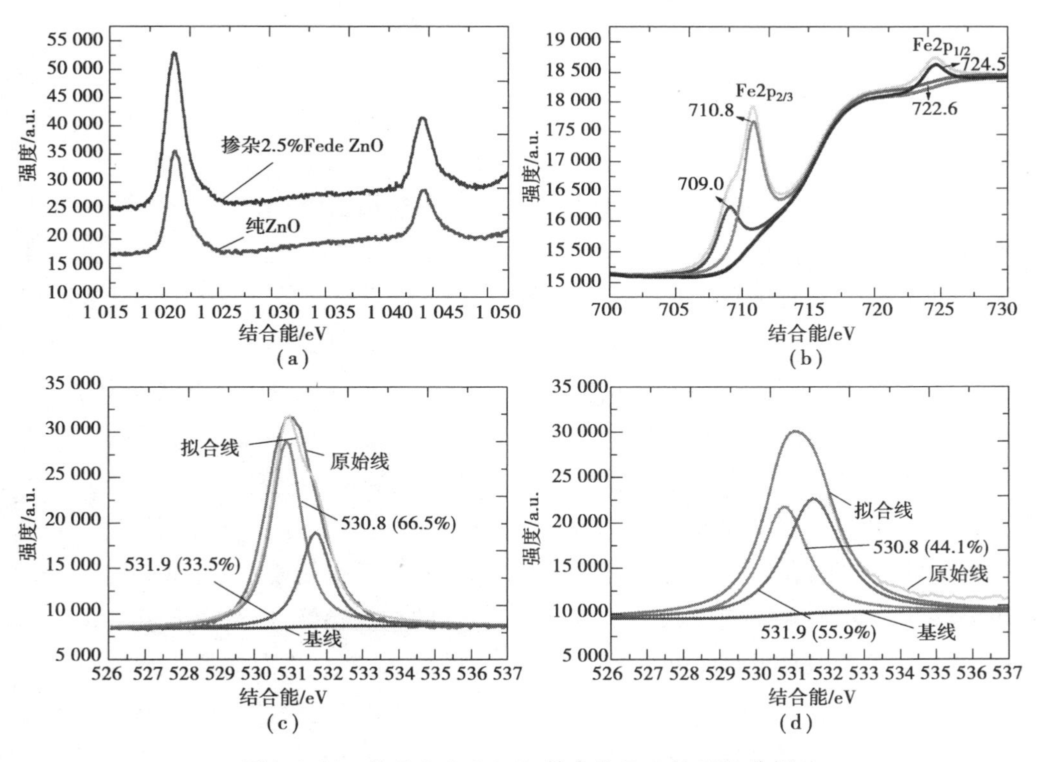

图 3.1.11　纯 ZnO,2.5% Fe 掺杂的 ZnO 的 XPS 分析

3.1.6 小结

我们采用水热法成功地制备了 Fe 掺杂的 ZnO 片球,并研究了它的气敏性能。通过 Fe 掺杂将纯 ZnO 的灵敏度由 4.7 提高到 37.1,其最佳工作温度为 300 ℃,同时具有良好的响应恢复时间及在低浓度下($1\times10^{-7}\sim1\times10^{-5}$)对甲醛的选择探测性。我们通过 UV-vis,PL 和 XPS 分析发现 Fe 掺杂降低了 ZnO 材料的禁带宽度,拥有更多的施主缺陷和氧空位。我们通过结构分析和电子分析阐释了 Fe 掺杂 ZnO 的气敏机理。结果表明,掺杂 Fe 是一种有效提高 ZnO 材料对甲醛气体气敏性能的有效方法。

3.2 Y 掺杂的 ZnO 微球及其气敏性能研究

3.2.1 引言

空心和多孔的无机纳米材料具有非常广阔的应用前景,例如,气敏材料、催化剂、药物载体和光催化材料等,这是因为这些独特的结构使它们具有许多优良的性质。大致上说,具有空心和多孔形貌的纳米材料的优良性能是具有较大的比表面积和有效的孔洞,从而能够促进材料表面物理化学反应。从这方面来讲,材料的形貌研究已经成为当今研究纳米材料的一个热点问题。ZnO 是一种优良的半导体材料,到目前为止,大量的实验证明 ZnO 纳米材料的尺寸及形貌能够强烈地影响它的性质,尤其是它的气敏性能。另一方面,用不同的元素掺杂 ZnO,例如,贵金属元素、稀土元素、过渡金属元素等能够改变 ZnO 的表面电子态,从而提高 ZnO 的性能。

到目前为止,人们制备多孔和空心的纳米材料主要采用模板法,包括硬模板如单分散的二氧化硅、高分子聚合物微球、还原性的金属颗粒,以及软模板法如乳胶团、气泡法等。但是采用模板法常常需要很高的成本,并且也有比较复杂的合成过程,从而不利于大规模的工业化生产,所以人们就期待采用一种简单方便并且非模板的方法来合成多孔和空心的纳米材料。

在本节中,我们用简单水热法一步制备出了具有较大比表面积的空心多孔的 ZnO 微球。我们详细地研究了溶液组成比例和水热时间对该 ZnO 微球形貌演变的影响并提出了一种自熟化组装伴随晶格转动的生长机理。然后我们将稀土元素 Y

掺杂到这种独特结构的 ZnO 微球中,结果表明 Y 掺杂改变了 ZnO 的本征电阻并显著地提高了气敏性能。

3.2.2　实验

所有的 ZnO 微球都是采用水热法制备的。首先将乙酸锌(4 mM)添加到乙醇(40 mL)和乙醇胺(30 mL)的混合溶液中,超声振荡 1 h 直到乙酸锌完全溶解到溶液中。然后将该溶液转入高压反应釜中 160 ℃水热 24 h,反应结束后随炉冷却,采用高速离心机收集白色沉淀。将收集到的白色沉淀用去离子水和无水乙醇多次清洗,并在 60 ℃空气气氛下烘干,得到了所需产物。收集 0.03 g 所得的 ZnO 样品并将其分散在 20 mL 去离子水中,然后将一定量的硝酸钇溶解在乙醇溶液中随后添加到该 ZnO 水溶液中,在 80 ℃下自然烘干,最终在 400 ℃下焙烧 2 h,得到了掺杂 Y 的空心多孔的 ZnO 微球。

3.2.3　结果与讨论

为了确定材料的物相与元素组成,我们对制备的样品进行了 XRD 分析,如图 3.2.1 所示。对于掺杂 Y 的量为 2% 和 4% 的 ZnO 样品,所有的衍射峰都与标准纤锌矿结构的标准卡片[JCPDS(36-1411451)]对应得很好,没有任何第二相被检测出来,但是其晶格常数与未掺杂的 ZnO 样品相比有所增大。但是掺杂量在 6% 和 8% 时,Y_2O_3 物相很明显地出现在样品中。这就表明在较低的掺杂浓度时,Y 原子可能会填补 ZnO 的晶格空位,但是在较高的掺杂浓度时(大于 6%)就会形成新的 Y_2O_3 相。另外,由于掺杂量在 2% 和 4% 的 ZnO 样品没有探测到其他第二相的衍射峰,表明存在于该样品中的含 Y 元素的第二相尺寸很小并且均匀地分散在样品中,这是因为当晶体的尺寸小于 3 nm 时,XRD 衍射是不容易探测到的。这种情况很容易出现在两相系统中,即当第二相的量非常少并且均匀地分布在母相的晶界上。这也就是说,当掺杂 Y 元素的量在 2% 和 4% 时,产生的第二相氧化物拥有更小的晶体尺寸。而当掺杂量在 6% 和 8% 时,新的 Y_2O_3 相就会从母相的晶界上析出并且晶体尺寸大于 3 nm。

表 3.2.1 列出了用谢乐公式计算的未掺杂和掺杂不同 Y 元素量的 ZnO 微球的晶格常数和晶粒尺寸的变化,我们发现晶格常数 a 和 c 及晶粒尺寸都随着 Y 掺杂量的升高而增大,表明掺杂 Y 使 ZnO 的晶体结构发生了一定的变化。这是因为 Y^{3+} 的半径 0.92 Å 比 Zn^{2+} 的半径 0.74 Å 大,这就使在掺杂 Y 后 ZnO 的晶格常数增大。

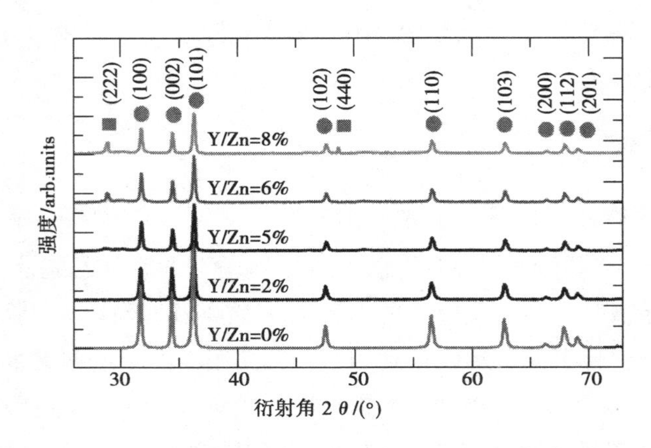

图 3.2.1　掺杂不同比率 Y 的 ZnO 微球的 XRD 衍射图谱

表 3.2.1　ZnO 纳米颗粒及不同 Y 掺杂量的 ZnO 微球的晶格常数

ZnO	晶格常数		晶粒尺寸/nm
	a/Å	*c*/Å	
0% Y doped	3.249 26	5.205 05	18.5
2% Y doped	3.252 61	5.209 83	19.3
4% Y doped	3.256 89	5.215 32	21.6
6% Y doped	3.257 95	5.218 23	22.4
8% Y doped	3.259 48	5.219 93	23.5
Nanoparticle	3.268 89	5.228 45	28.9

图 3.2.2 为所制备样品的 SEM 照片，从图 3.2.2(a)可以看出制备的 ZnO 呈现出均匀的球形结构，并且较为分散，图 3.2.2(b)、(c)和(d)为该 ZnO 微球的局部高倍率 SEM 照片，该微球表面比较粗糙，并且是一种空心结构，这从一个破损的微球可以看出来。有趣的是，这种微球是由 150 nm 左右的纳米棒和纳米颗粒通过自组装的方式有规律地组成的，纳米棒呈放射状地排列组成球的外壳的架构，而纳米颗粒则填补在这些纳米棒的空隙中，这就形成了一种多孔的纳米结构。我们对这种空心多孔的结构进一步进行了 TEM 电镜表征，从图 3.2.3(a)可以明显地辨别出该球的边缘和中心是黑白分明的，从而进一步证明了合成的 ZnO 微球是一种中空结构。图 3.2.3(b)和(c)为该 ZnO 微球边缘的 TEM 照片，我们可以清晰地辨认出空洞，同时可以发现该球是由纳米棒和纳米颗粒组装而成的。图 3.2.3(d)为该球边缘的高

倍率 TEM 照片,可以看到非常清晰的晶格条纹,从中计算得出相邻的两晶面间的间距约为0.26 nm,这与六方纤锌矿 ZnO 的(0001)面的晶面间距相吻合,这表明 ZnO 的纳米棒是朝着[0001]方向生长的。

图3.2.2　制备样品的 SEM 照片

图3.2.2(e)、(f)和(g)为 Y 掺杂后的 ZnO 微球的 SEM 图,可以看出掺杂 Y 后该 ZnO 微球的外观形貌没有发生变化,但是通过焙烧之后这些球的直径变大了。图3.2.2(h)为采用普通沉淀法制备得到的纳米 ZnO 颗粒,平均尺寸为 50 nm 左右。图3.2.3(e)、(f)和(g)为 Y 掺杂后的 ZnO 微球 TEM 照片,从图中可以看出掺杂 Y 后,该 ZnO 微球依然保持空心和多孔结构,并且纳米棒也沿着[0001]方向生长。为了准确地鉴定样品的化学组成,我们对未掺杂和掺杂4% Y 的 ZnO 微球进行了 EDS 分析,如图3.2.3(h)所示。未掺杂的 ZnO 微球的化学组成为 40.4% O 和59.6% Zn,掺杂 Y 后的 ZnO 微球的化学组成为 34.21% O 和 63.78% Zn 和2.01% Y,从而表明 Y 元素已经掺入 ZnO 的母体中。进一步对单个 ZnO 微球进行 EDS Mapping 分析表明,Y 元素不是单独地分布于 ZnO 的表面区域,而是均匀地分布于 ZnO 微球中,另外也证实了第二相氧化物出现在掺杂量为4% Y 的 ZnO 微球中,这与 XRD 结果吻合得很好。

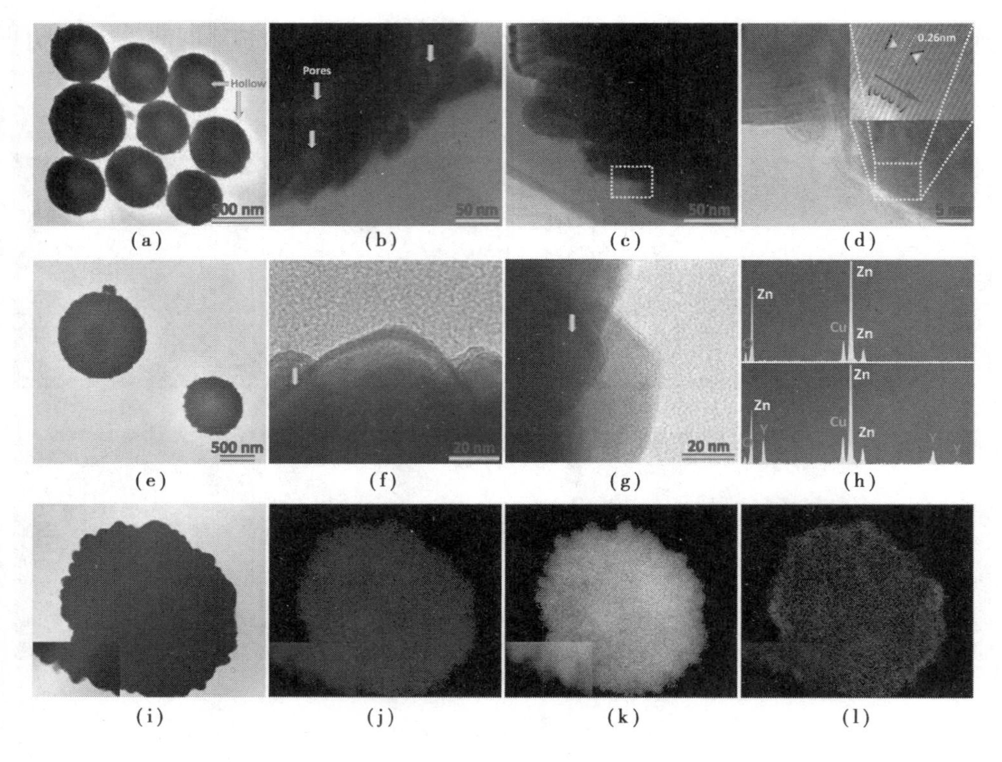

(a) (b) (c) (d)
(e) (f) (g) (h)
(i) (j) (k) (l)

图 3.2.3　样品的 TEM 电镜照片

3.2.4　ZnO 空心多孔球的形成机理

为了研究制备的 ZnO 空心多孔球的生长机理,我们对不同条件下该空心球的形貌演变进行了研究,首先研究溶液的组成对它的形貌的影响。从图 3.2.4(a)和(b)可以看出,当溶液只有乙醇时,样品是由粗大的 ZnO 棒族群组成的;一旦 5 mL MEA 添加到该乙醇溶液中时,这些 ZnO 棒尺寸变小,约为 500 nm 并且组装成了一种类似于扇形的束状结构[图 3.2.4(c)和(d)];当增加 MEA 的量到 15 mL 时,这些纳米棒束聚集成扇形的半球[图 3.2.4(e)和(f)];当 MEA 的量增加到 30 mL 时,就获得了这种独特的空心多孔球[图 3.2.4(g)和(h)];继续增加 MEA 的量到 40 mL 时,获得的 ZnO 微球变得更加密,在其表面的孔洞变得越来越少[图 3.2.4(i)和(j)];然而当 MEA 的量增加到 50 mL 时,得到的微球几乎没有任何孔洞,并且内部也变成了实心的[图 3.2.4(k)和(l)],这就表明 MEA 与乙醇的比例对该空心多孔球的生成是有很重要的影响的。当溶液中没有添加 MEA 时,ZnO 按照它的正常生长习性生长,这就是说,ZnO 的(0001)极性面表面能最高,因此而具有最高的生长速率,接下来的则是{100}、{101} 和 (000)面。而一旦 MEA 添加乙醇溶液中时，Zn^{2+} 会与 MEA 结合成一种复杂的配位体离子即$[Zn(MEA)_m]^{2+}$(其中 m 是常数)，限制了自由 Zn^{2+} 的移动及 $Zn(OH)_2$ 的生成，从而延缓了 ZnO 的形核。在该溶液中的化学反应如下所示：

$$Zn^{2+} + mMEA \rightleftharpoons [Zn(MEA)_m]^{2+},$$

$$Zn(OOCCH_3)_2 \cdot 2H_2O + 2C_2H_5OH \longrightarrow Zn(OH)_2 + 2H_2O + 2CH_3COOC_2H_5$$

$$Zn(OH)_2 \rightleftharpoons ZnO \downarrow + H_2O$$

随着反应釜内部温度的增加，$[Zn(MEA)_m]^{2+}$ 开始分解成 Zn^{2+} 和乙醇胺分子。同时，乙醇和乙酸锌开始发生酯化反应生成 $Zn(OH)_2$，然后进一步分解成 ZnO。而乙醇胺分子，能够吸附在 ZnO 的极性面上，抑制了 ZnO 纳米棒沿着(0001)方向生长，从而能够促进更多的 ZnO 纳米颗粒产生。这种在最初形核阶段形成的亚稳态的纳米颗粒为下一步奥斯特瓦尔德熟化起到了很大的促进作用。

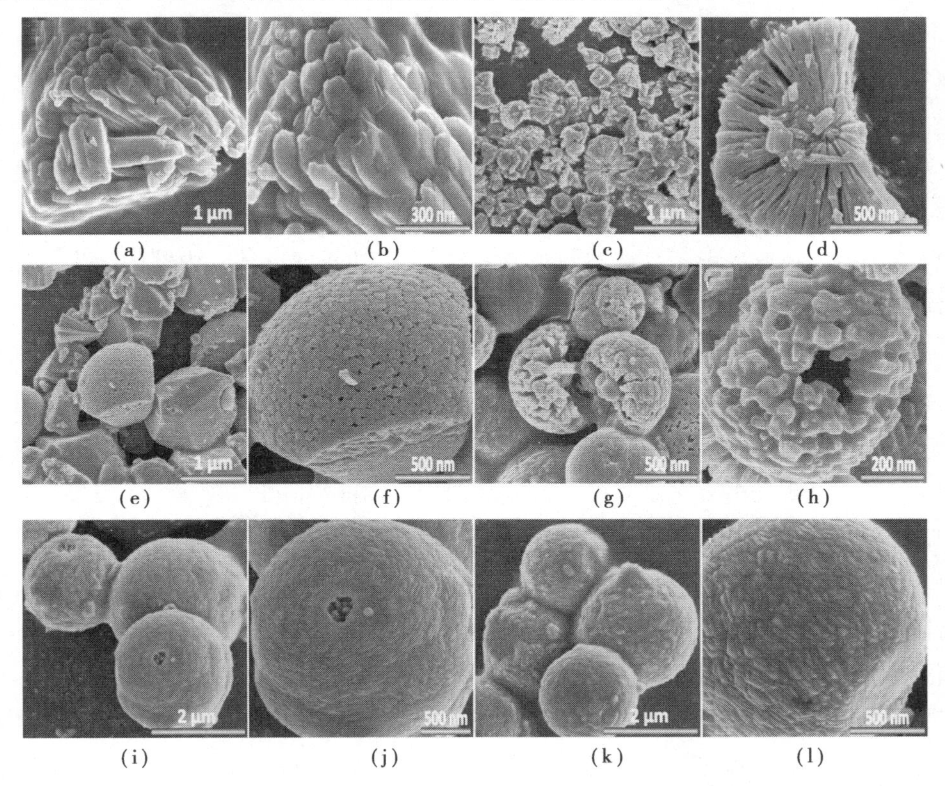

图 3.2.4　在不同单乙醇胺浓度下的制备的 ZnO 微球

在溶液环境下,晶体形貌的演变有两个很重要的因素:最初的晶体形核态和前躯体在一定的蒸汽压下在溶液中的溶解度,其中饱和蒸汽压是与溶液的熔点成反比关系的。我们所用的两种溶剂乙醇和乙醇胺的熔点分别为78.29 ℃、170 ℃,从而乙醇胺的饱和蒸汽压要比乙醇的饱和蒸汽压要小很多。当采用 MEA 作为溶剂时,由于它的饱和蒸汽压很高,因此,ZnO 在这种高蒸汽压环境下的形核被抑制了,这就导致了大量的亚稳态的纳米颗粒产生。在溶液中的这种小颗粒开始聚集并形成一些集群来减小它们的接触面积从而降低整体的表面能。当这些亚稳态的纳米晶进一步进行到奥斯特瓦尔德熟化过程时,它们就自发地聚集成球形结构得到了最低能态。

MEA 不仅促成了球形结构的产生,而且对空心和多孔结构的产生也有很大作用。相对 ZnO 晶体在乙醇溶液中的快速迁移和形核,在乙醇胺溶液中的亚稳态 ZnO 晶体则由于乙醇胺的高熔点和黏度令它的动力学结晶过程进行得很缓慢,沿着各个晶向生长的纳米晶混合得很均匀并有足够的时间来形成球形结构。这也就是说,沿着(0001)方向生长的纳米晶体(主要在乙醇容易产生)和随机生长的纳米晶体(主要在乙醇胺溶液中产生)将会非常均匀地混合在一起自发熟化。随着沿着(0001)方向的纳米晶体长成棒状,而随机生长的纳米晶体由于高能态自发溶解最终产生了这种多孔结构。另一方面,乙醇胺促进了这种亚稳态随机生长的纳米晶体的产生,这种纳米晶体很容易由于高能态而被溶解与合并,随着球形结构内部的纳米晶体被溶解和合并,使得球体内部出现了空心结构。

为了更加深入了解该多孔 ZnO 空心微球的生长机理,我们做了一系列的时间对比实验,如图 3.2.5 所示。在初期 4 h 自组装阶段,形成了较小的实心微球[图 3.2.5(a)、(b)和(c)],这些小球是由大量的微晶和少量的纳米棒组成的,这种球形结构的生成是由于它具有最小的接触面积从而能够降低表面能;随着反应时间增加到 8 h,该球的心部开始逐渐溶解,形成空心结构[图 3.2.5(d)和(e)],并且球体表面变得更加粗糙[图 3.2.5(f)],与 4 h 相比球体表面不再致密,这表明附着在球体表面上的一部分微晶被溶解了;进一步增加反应时间到 16 h,发现这些球体具有很明显的空心结构[图 3.2.5(g)和(h)],并且球体是由大量的纳米棒组成的,纳米微晶颗粒变得越来越少了,而且有些微孔开始在球体表面生成,这是由于球体表面和内部纳米微晶的溶解、重结晶等过程的形成导致的[图 3.2.5(i)];当反应时间增加到 24 h 时,这种多孔空心的 ZnO 微球产生了;然而当反应时间增加到 30 h 时,得到了一种类似于海胆状的 ZnO 球体,它几乎是由大量的纳米棒组成的,只有少量的纳米微晶颗粒[图3.2.5(g)、(k)、(l)];有趣的是当反应时间增加到35 h时,大量纳米颗粒被溶解了,只剩下一些细长的纳米棒[图3.2.5(m)、(n)、(o)],这种球形结构的消失表明纳米微晶对球形结构的稳定性起到了一定的作用。

图3.2.5　ZnO微球在不同反应时间下的形貌演变

根据以上实验结果,这种独特的空心多孔的ZnO微球的生长机理可以用奥斯特瓦尔德熟化结合晶格转动理论来解释。大致上说,奥斯特瓦尔德熟化过程包括纳米晶体的聚集和内部纳米微晶的溶解,而晶格转动过程则发生于相邻的晶粒之间,通过晶粒的相互转动,具有相同晶面的晶粒产生了合并并减少了晶界,形成了具有更少晶面的单晶,降低了整个体系的表面能,这种过程对棒、多孔结构的ZnO的形成起到了重要作用。

图3.2.6所示为空心多孔ZnO微球的形貌演变机理图,在最初的反应阶段形成了大量ZnO纳米微晶并随机地分布于反应溶液中,随着反应时间的增加,在降低表面能的驱动下,这些亚稳态的微晶通过奥斯特瓦尔德熟化过程开始自发聚集成球形。由于在球体内部的微晶比球体表面的微晶的表面能较高,因此很容易在随后的熟化过程中被溶解,形成空心结构。在奥斯特瓦尔德熟化过程进行时,纳米微晶的转动也在同时发生,在这种高温高压的水热环境下,纳米微晶通过布朗运动产生振

动并且旋转,使相邻晶粒的相同晶面产生合并形成更大的晶体,这就通过降低晶体的界面减少了体系的表面能,使体系更加稳定。而 ZnO 是一种极性晶体,它的(0001)具有很高的表面能从而更易于被合并,这就是为什么随着时间的延长在 ZnO 的壳体内产生了更多纳米棒。同时,ZnO 纳米颗粒的旋转与迁移,使 ZnO 球体的表面产生很多孔洞,最终形成了这种空心多孔的 ZnO 微球。

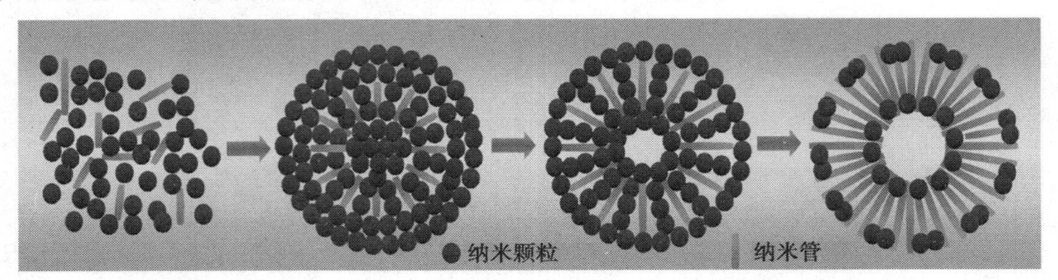

图 3.2.6　ZnO 微球的形貌演变机理图

3.2.5　电阻与温度的关系

为了获得对该 ZnO 微球更多的信息,我们对它进行了比表面积测试,孔径分布采用的是 Barret-Joyner-Halenda (BJH)计算方法,如图 3.2.7 所示为样品的氮吸、脱附和孔径分布曲线。图 3.2.7(a)是一个典型的Ⅳ曲线,表明该球为多孔结构,尽管孔径的分布有一个较宽的范围,但是它的主要孔径分布集中在 5 ~ 15 nm,这与 TEM 照片的结果是相一致的[图 3.2.7(b)]。采用 BET 方法计算得出该空心多孔 ZnO 微球的比表面积为 89.5 m^2/g,进一步证实了它具有空心多孔的结构。另外值得注意的是,采用普通方法制备得到的 ZnO 颗粒的比表面积约为 24.2 m^2/g,说明该空心多孔结构具有较高的比表面积。

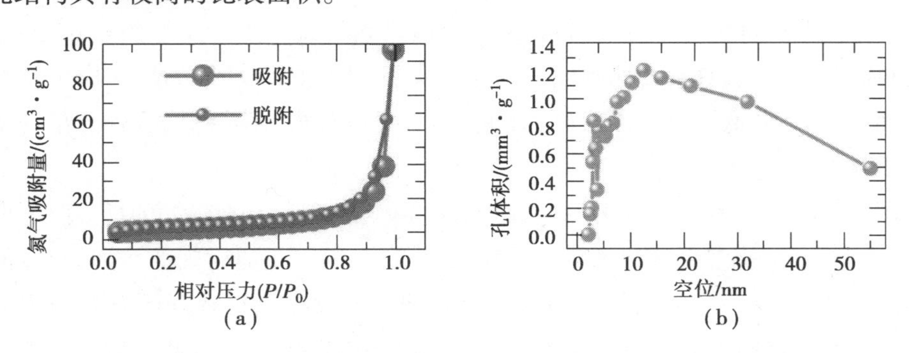

图 3.2.7　ZnO 空心多孔球的氮吸、脱附和对应的孔径分布曲线

这种空心多孔结构具有广泛的应用前景，尤其是应用于化学传感器方面，由于它较高的比表面积能够使气体快速地吸附与脱附。至今为止，人们做了大量的工作来提高 ZnO 气敏传感器的气敏性能，包括高灵敏度及快速响应恢复时间。在这些方法中，掺杂稀土金属元素被证实是一种非常有效的方法，而 Y 元素是一种非常重要的掺杂元素，被广泛地应用于发光材料和气敏材料，因此，我们选择将 Y 元素掺杂进该空心多孔球中，可能会活化该 ZnO 微球的性能。

图 3.2.8 所示为用 ZnO 微球、Y 掺杂 ZnO 微球及普通 ZnO 颗粒制成的气敏传感器在空气中的温度与电阻变化曲线。从图中可以看出所有的样品在同一温度下的电阻是不相同的，Y 掺杂降低了样品的电阻，并且 Y 掺杂量在 4% 时具有最低的电阻，但是随着 Y 的掺杂量超过 4%，电阻开始不再降低，反而会有所升高。Carreño 等曾经报道少量的 Y 掺杂二氧化锡时会形成 $Sn_2Y_2O_7$ 的第二相，同样，当在 ZnO 样品中 Y 的掺杂量低于 4% 时，一种类似于 ZnY_mO_n 的第二相在 ZnO 晶体中生成。这种新生成的第二相相对于 ZnO 晶体具有较低的电阻，第二相小晶粒在 ZnO 大晶粒的晶界面上生成，将各个 ZnO 晶粒串联起来，降低了晶界间的接触电阻，从而降低了整体电阻。然而当掺杂量超过 4% 时，Y 掺杂在 ZnO 中达到饱和，大量的 Y_2O_3 析出，并且沿着晶界生长。而 Y_2O_3 比母体 ZnO 具有更大的电阻率，从而又增加了晶界间的接触电阻，这就显著地抑制了 Y 掺杂使得电阻降低，使整体电阻得到了升高。

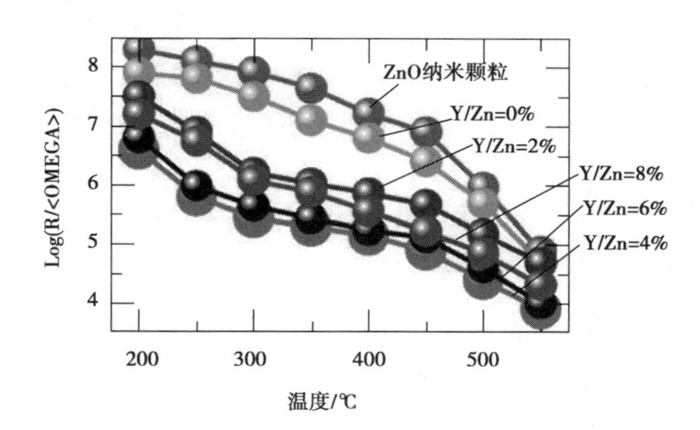

图 3.2.8　用未掺杂 Y 的 ZnO 纳米颗粒、ZnO 微球和 Y 掺杂的 ZnO 微球制成的气敏传感器在空气中的电阻和在不同温度下的变化

另一个重要特征是4% Y 掺杂的 ZnO 与未掺杂的 ZnO 的电阻相比，随着温度的升高而降低得比较平缓(300～450 ℃)，这是因为它表面的吸附氧在起作用。当空气中的氧气与 ZnO 的表面接触时，在一定温度下会发生如下的可逆反应：

$$O_{2(gas)}+e^- \rightleftharpoons O^-_{2(ads)}$$

$$\frac{1}{2}O_2+e^- \rightleftharpoons O^-_{(ads)}$$

$$\frac{1}{2}O_2+e^- \rightleftharpoons O^{2-}_{(ads)}$$

$$O^{2-}_{(ads)} \rightleftharpoons O^{2-}_{(lat)}$$

这就表明电子从半导体氧化物中转移到吸附氧是电阻降低的主要原因。ZnO 是一种典型的 N 型半导体，它的晶体中有很多的氧空位。从 EDS 分析发现，O/Zn 的比率从67.7%(ZnO)降到53.6%(4% Y 掺杂 ZnO)，在 Y 掺杂的 ZnO 中氧和锌比率的降低表明随着 Y 掺杂量的升高增加了晶体中的缺陷。另一方面，相关晶格常数的增加也证实了本征缺陷的增加，例如 $V_O^{\cdot}$，$V_O^{\cdot\cdot}$ 和 $O_O^{\cdot\cdot}$。在水热的过程中，掺杂一定量的 Y 能够促进缺陷的增加。值得指出的是，ZnO 晶体是一种密排六方结构，锌原子占据一半的四面体配位而所有的八面体配位点是空的。众所周知，氧空位($V_O^{\cdot\cdot}$)比锌空位($Zn_i^{\cdot\cdot}$)具有更低的形成能，从而在一般的纤锌矿 ZnO 晶体中会形成锌富集，这就意味着随着外部元素的掺杂就会产生更多的本征缺陷。A. Gurlo 等人也指出在 ZnO 晶体表面的氧空位会与空气中的氧分子结合得更加紧密。这就说明 Y 掺杂能够增加氧空位的浓度，从而在 ZnO 的表面吸附更多的氧分子，增加了 O^-的浓度。

3.2.6 气体传感器性能

图 3.2.9 为所制备 ZnO 样品在不同的温度下对 5×10^{-5} 甲醛气体的灵敏度。从图中可以看出空心多孔 ZnO 微球在 350 ℃ 的工作温度下具有最高的灵敏度 47.4，远高于在相同条件下的 ZnO 颗粒的灵敏度，这表明形貌对气敏性能是有显著影响的。更重要的是，当将 ZnO 微球掺杂 Y 后它的气敏性能得到了显著的提高，当 Y 的掺杂量达到4%时，它的气敏性能达到了最高值为 65.7。而进一步增加 Y 的掺杂量则会降低其灵敏度。掺杂 Y 后，降低了该 ZnO 微球的最佳工作温度，从 350 ℃降低到 300 ℃。掺杂 Y 元素对样品气敏性能的提高能用以下机理来解释。当 ZnO 微球在空气中时，空气中的氧分子吸附于 ZnO 的表面并从 ZnO 的导带中俘获电子形成了化学吸附氧。这个过程形成了表面电子耗尽层，增加了样品的电阻，

当将样品置于甲醛气体中时，甲醛就与吸附在样品表面的吸附氧发生如下化学反应：

$$HCHO_{(gas)}+2O^-_{(ads)}\longrightarrow CO_2+H_2O+2e^-$$

在这个化学反应里，将俘获的电子释放到 ZnO 的导带中，从而又使 ZnO 半导体中的载流子浓度升高。而 Y 元素的引入则增加了 ZnO 晶体表面的氧空位浓度，使吸附氧浓度升高提高了气敏性能。另一方面，掺杂 Y 后使 ZnO 的工作温度降低是因为形成了弱键结合的 ZnY_mO_n 复合氧化物。化学吸附氧的吸附是与本体材料和温度密切相关的，在较低的温度时，氧是以氧分子的形式吸附在材料表面的，在较高温度时才以化学吸附氧的形式吸附在材料表面。而通常在室温下，在 ZnO 的表面很难发生氧吸附和电子转移，只有在一定的温度下才能在它的表面发生化学吸附反应。当将 Y 元素掺杂进 ZnO 之后，在 ZnO 的晶界处形成了这种弱键结合的 ZnY_mO_n 复合氧化物，由于该复合氧化物的导电性能良好，在较低的温度下就可以与空气中的氧气发生表面化学吸附反应，因此促进了化学吸附氧的生成。这样，由于溢出效应，Y 元素就进一步促进了甲醛与吸附氧的反应，降低了工作温度。

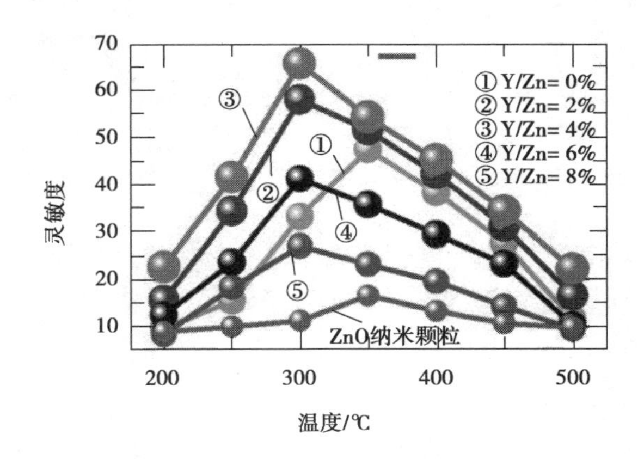

图 3.2.9　用未掺杂 Y 的 ZnO 纳米颗粒、ZnO 微球和 Y 掺杂的 ZnO 微球制成的气敏传感器对 5×10^{-5} 甲醛气体在 200 ~ 500 ℃温度下的灵敏度

图 3.2.10 为采用 ZnO 颗粒、ZnO 微球和 4% Y 掺杂的 ZnO 微球制成的气敏传感器在不同的工作温度下的响应恢复时间曲线，我们选择了 5×10^{-5} 共 6 种不同的有机气体进行了检测，分别是 CH_4，NH_3，HCHO，CH_3OH，CO 和 C_2H_5OH。当这些还原性气体接触到传感器表面时，电阻的电压上升得很快，当这些气体排出时，电压又迅

速地恢复到原始状态。值得注意的是,4% Y 掺杂的 ZnO 微球的电压改变是非常显著的,并且掺杂后的 ZnO 微球对 HCHO 气体具有最短的响应恢复时间[图 3.2.9(a)—(c)]。经过分析,普通 ZnO 纳米颗粒和未掺杂的 ZnO 微球的响应恢复时间分别为(14 s、17 s)、(10 s、12 s),远高于 Y 掺杂的 ZnO 微球(4 s、6 s)[图 3.2.10(d)]。

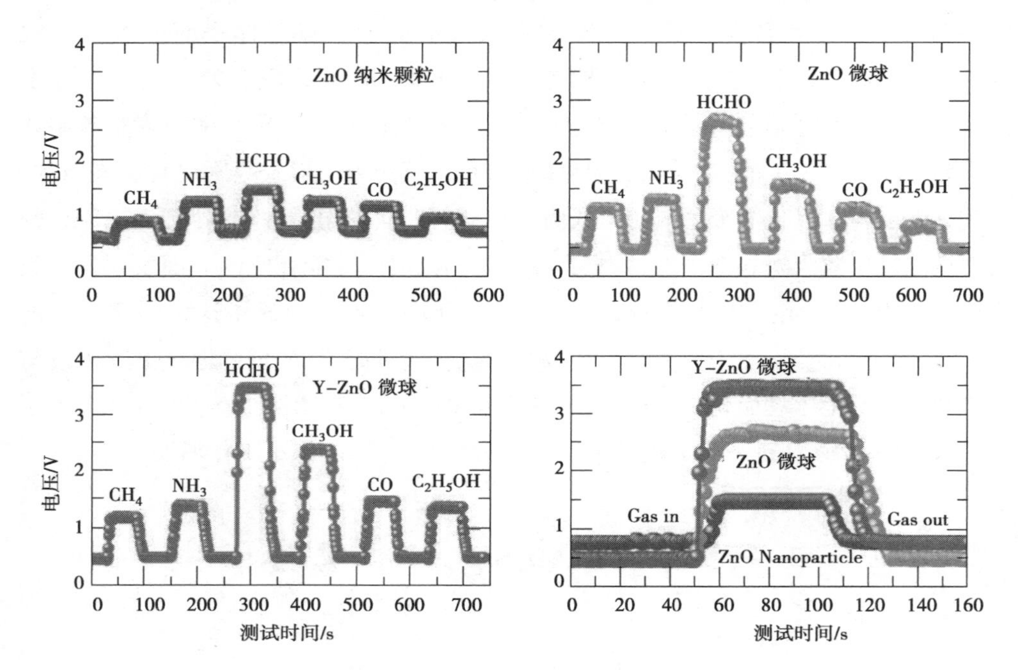

图 3.2.10 采用 ZnO 颗粒、ZnO 微球和 4% Y 掺杂的
ZnO 微球制成的气敏传感器在不同的工作温度下的响应恢复时间曲线

为了对 Y 掺杂的 ZnO 微球进行更加深入的研究,我们在它的最佳工作温度 300 ℃下对它进行了一系列的气敏性能检测,如图 3.2.11 所示。从图中可以看出,随着检测气体浓度的升高,传感器的灵敏度也迅速地提高,而当气体的浓度超过 25×10^{-5} 时,灵敏度的增加逐渐变得缓慢,当气体浓度增加到 8×10^{-4} 时,这时候传感器的灵敏度达到了饱和,几乎不再升高[图 3.2.10(a)]。有趣的是,当气体浓度在 $0\sim1\times10^{-4}$ 时,随着气体浓度的增加,灵敏度几乎呈直线式上升[插图 3.2.11(a)],表明 Y 掺杂的 ZnO 微球能够检测较低的 HCHO 气体浓度。

图 3.2.11(b)为 Y 掺杂的 ZnO 微球在 300 ℃的工作温度下对 5×10^{-5} 这 6 种有机气体的灵敏度,从图中可以看出 Y 掺杂的 ZnO 微球对甲醛的灵敏度最高为 65.7,而对其他气体的灵敏度不超过 16,这表明用 Y 掺杂的 ZnO 微球能够选择性地检测

HCHO气体。这是由于甲醛是一种单醛基的气体分子,在检测的气体中具有较好的还原性,掺杂进ZnO的不饱和Y离子就会选择性地吸附这些HCHO分子,形成Y-HCHO复杂分子,同时吸附在ZnO表面的吸附氧进一步将HCHO氧化成了H_2O和CO_2,从而使掺杂Y后对HCHO具有较好选择性。图3.2.11(c)为Y掺杂的ZnO微球在300 ℃的工作温度时对不同浓度的HCHO气体的响应恢复时间,可以看出随着浓度的变化,该传感器的灵敏度随之升高,并且其响应恢复时间几乎没有发生改变,都基本稳定在4 s和6 s。图3.2.11(d)为Y掺杂的ZnO微球对5×10^{-5} HCHO气体的循环测试,我们发现它的响应恢复特征几乎没有发生任何衰减或者改变,这表明Y掺杂后的ZnO微球传感器的循环稳定性能较好。

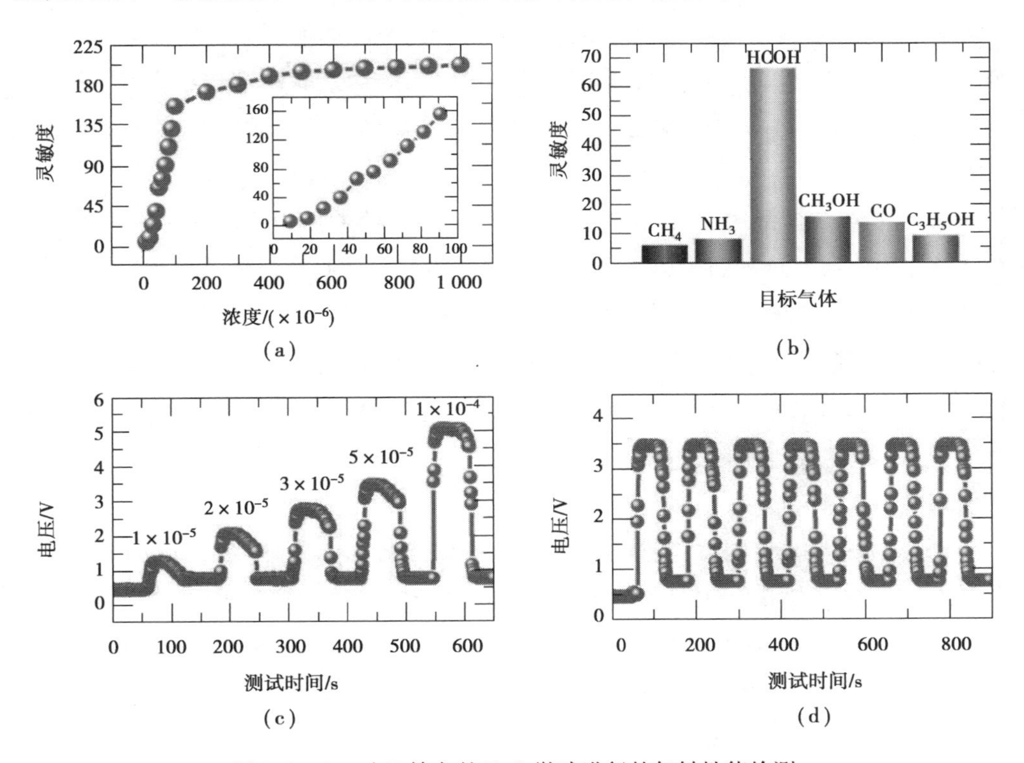

图3.2.11　对Y掺杂的ZnO微球进行的气敏性能检测

3.2.7　小结

我们通过有机溶剂乙醇和乙醇胺用水热法制备了一种空心多孔的ZnO微球,研究了两种有机溶剂对其形貌的影响,揭示了其可能的生长机理。然后对ZnO空心多

孔球进行了不同浓度的 Y 掺杂,并对其气敏性能进行了研究,得到的结论如下:

①乙醇和乙醇胺两种有机溶剂以一定的配比制备了一种空心多孔的 ZnO 微球,这种微球是由 150 nm 左右的纳米棒和纳米颗粒通过自组装的方式有规律地组成的,纳米棒呈放射状地排列组成球的外壳架构,而纳米颗粒则填补在这些纳米棒的空隙中,形成了一种空心多孔的 ZnO 微球。

②乙醇胺不仅促成了球形结构的产生,而且对空心和多孔结构的产生也有很大的作用。相对于 ZnO 晶体在乙醇溶液中的快速迁移和形核,在乙醇胺溶液中的亚稳态 ZnO 晶体则由于乙醇胺的高熔点和黏度令它的动力学结晶过程进行得很缓慢,使得沿着各个晶向生长的纳米晶混合得很均匀,并有足够的时间来形成球形结构。另一方面,乙醇胺促进了这种亚稳态的随机生长的纳米晶体的产生,这种纳米晶体很容易由高能态而被溶解和合并,随着球形结构内部的纳米晶被溶解和合并,球体内部出现了空心结构。其中乙醇胺与乙醇的比例对该空心多孔球的生成有很重要的影响。

③当在 ZnO 样品中 Y 的掺杂量低于 4% 时,一种类似于 ZnY_mO_n 的第二相在 ZnO 晶体中生成。这种新生成的第二相相对于 ZnO 晶体具有较低的电阻,第二相小晶粒在 ZnO 大晶粒的晶界面上生成,将各个 ZnO 晶粒串联起来,降低了晶界间的接触电阻,从而降低了整体电阻。当掺杂量超过 4% 时,Y 掺杂在 ZnO 中达到饱和,大量 Y_2O_3 析出,并且沿着晶界生长。而 Y_2O_3 比母体 ZnO 具有更大的电阻率,从而又增加了晶界间的接触电阻,这就显著地抑制了 Y 掺杂导致了整体电阻的降低,使整体电阻得到了升高。

④从 EDS 分析可以发现,O/Zn 的比率从 67.7%(ZnO)降到 53.6%(4% Y 掺杂 ZnO),在 Y 掺杂的 ZnO 中氧和锌比率的降低表明随着 Y 掺杂量的升高增加了晶体中的缺陷。另一方面,相关晶格常数的增加也证实了本征缺陷的增加,例如:$V_O^{\cdot}$,$V_O^{\cdot\cdot}$ 和 $O_O^{\cdot\cdot}$。在水热过程中,掺杂一定量的 Y 能够促进缺陷的增加。这就说明 Y 掺杂能够增加氧空位的浓度,从而在 ZnO 的表面吸附更多的氧分子,增加了 O^- 的浓度。

⑤空心多孔 ZnO 微球在 350 ℃ 的工作温度下具有最高的灵敏度 47.4,远高于在相同条件下的 ZnO 颗粒的灵敏度,这表明形貌对气敏性能是有显著影响的。更重要的是,当将 ZnO 微球掺杂 Y 后它的气敏性能得到了显著提高,当 Y 的掺杂量达到 4% 时,它对 5×10^{-5} 乙醇气体的灵敏度达到了最高值为 65.7。而进一步增加 Y 的掺

杂量则会降低它的灵敏度。掺杂Y后,降低了该ZnO微球的最佳工作温度,从350 ℃降低到300 ℃。掺杂4% Y的空心多孔ZnO微球对5×10^{-5}甲醛气体的响应恢复时间为4 s和6 s,并具有良好的选择性和循环稳定。

第 4 章

ZnO 异质复合材料的制备及气敏性能研究

随着现代科学技术的发展,人们对某些特种材料的需求越来越大,性质与功能比较单一的传统材料越来越不能满足人类生产和生活的需求。为了满足这一需求,通常将两种或者两种以上的材料的优点融合在一起,以此来提高材料的综合性能,也就是材料研究的新兴领域——复合材料。而随着纳米技术的深入,人们发现纳米复合材料不但可以改造材料结构,提升材料性能,更重要的是其在复合后产生了某些特殊性质,因此具有巨大的发展空间,尤其对功能材料而言更具有重要的意义。

在所有的半导体金属氧化物中,ZnO 和 SnO_2 是人们所熟知的最具有代表性的宽禁带半导体,禁带宽度分别为 3.37 eV 和 3.6 eV,因而被大量地应用于光催化、气敏材料等方面。但是纯相的 ZnO 或者 SnO_2 气敏材料普遍都存在着响应恢复时间长和灵敏度偏低的缺点,不利于其在气敏传感器方面的应用。人们发现将 ZnO 和 SnO_2 组合成分层结构、核壳及树枝状结构能够显著地提高气敏性能,其敏感性能可能会优于单一组分的 ZnO 或 SnO_2。到现在为止,人们采用不同的方法成功地制备了 ZnO/SnO_2 复合材料,例如,用电旋涂法制备的纳米复合纤维、溶胶凝胶法制备的双层 ZnO/SnO_2 薄膜、化学气相沉积法制备的核壳结构的纳米线等。

4.1　独特核壳结构的 ZnO/SnO_2 微球的合成及气敏性能研究

4.1.1　引言

在本节中,我们通过两步碱液处理法得到了核壳结构的 ZnO/SnO_2 微球,对它的生长机理进行了讨论,并研究了它对乙醇的气敏性能。

4.1.2　实验

首先将 1 g 锌粉均匀地分散在 20 mM 的氢氧化钠溶液中,然后将其在 70 ℃下超声振荡 4 h,然后将得到的产物收集,并用去离子水和无水乙醇清洗干净。接着将产物添加到 1 mM 的四氯化锡溶液中,用氨水将溶液的 pH 值调节到 10。再将该混合溶液装入高压反应釜中 160 ℃水热 6 h 并随炉冷却到室温。最后将收集到的沉淀用去离子水和乙醇多次离心分离,在 60 ℃空气气氛下烘干便得到最终产物。

4.1.3　结果与讨论

图 4.1.1 所示为制备样品的 XRD 衍射图谱。从图中可以看出样品是由 ZnO 和 SnO_2 组成的,其中 ZnO 是标准的六方纤锌矿结构,SnO_2 是四方晶红石结构。由于没有任何杂峰被检测到,表明在反应过程中没有其他的中间产物生成。

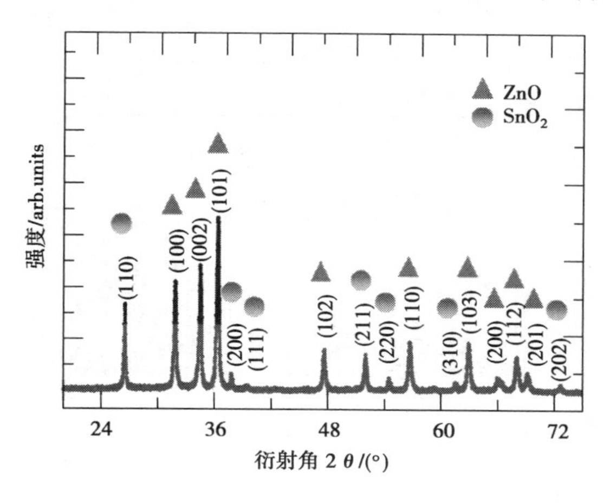

图 4.1.1　核壳结构的 ZnO/SnO_2 微球的 XRD 衍射图谱

图 4.1.2(a)为制备的核壳结构的 ZnO/SnO_2 微球的低倍 SEM 图,可以看到制备的 ZnO/SnO_2 微球的平均直径为 1 ~2 μm,并且均匀地分布着。从高倍 SEM 照片可以看出,这种核壳结构的微球是以 ZnO 微球为核心,SnO_2 小颗粒均匀地分布在 ZnO 内核的表面上形成的。

(a) (b)

图 4.1.2　制备的核壳结构的 ZnO/SnO_2 微球的 SEM 电镜照片

图 4.1.3 为制备的核壳结构的 ZnO/SnO_2 微球的 TEM 电镜照片,从高倍 TEM 照片可以知道,这些 SnO_2 小颗粒是从 ZnO 内核表面的缺陷处聚集并且逐渐长大覆盖在 ZnO 的内核表面的。

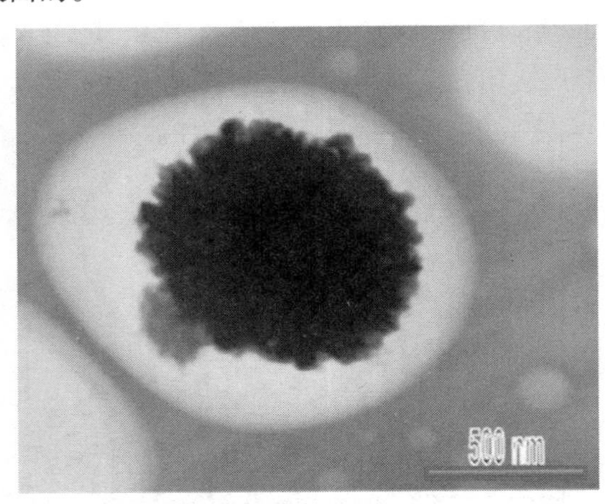

图 4.1.3　制备的核壳结构的 ZnO/SnO_2 微球的 TEM 电镜照片

为了揭示这种独特核壳结构 ZnO/SnO_2 微球的形貌演变过程，我们对这种微球在不同时间的形貌变化进行了研究，如图 4.1.4 所示。从图 4.1.4(a)可以看出没经过处理的锌粉是没有任何规则形貌的，尺寸为 3 ~ 5 μm。当我们将锌粉加入氢氧化钠溶液中在 70 ℃超声处理 1 h 时，这些锌粉的表面变得粗糙和疏松[图 4.1.4(b)]；用氢氧化钠溶液继续处理 4 h 时，这些锌粉的尺寸变得越来越小，并且这些不规则的锌粉颗粒逐渐演变成了具有规则的球状结构，平均直径为 1 ~ 2 μm[图 4.1.4(c)]；当将这些用烧碱溶液处理过的锌粉加入 $SnCl_4$ 溶液中用氨水水热处理 30 min 时，发现少量的 SnO_2 微晶开始在这些粗糙的锌粉表面形核[图 4.1.4(d)]；在此条件下，延长到 3 h 时，这些 SnO_2 微晶开始逐渐聚集长大，并且均匀地分布在锌粉表面；当延长到 6 h 时，均匀核壳结构的 ZnO/SnO_2 微球形成了[图 4.1.4(e)]；而继续延长水热到 12 h 时，就会破坏这种核壳结构的 ZnO/SnO_2 微球，表明只有在合适的水热时间下才能获得这种均匀的 ZnO/SnO_2 微球[图 4.1.4(f)]。

(a)　(b)　(c)
(d)　(e)　(f)

图 4.1.4　核壳结构 ZnO/SnO_2 微球的形貌演变 SEM 图

根据以上的实验结果及分析，图 4.1.5 简单地描述了该核壳结构的 ZnO/SnO_2 微球的大致生长过程。当将锌粉添加到该强碱性的氢氧化钠溶液中时，在锌粉的表面发生了强烈的刻蚀过程，导致了锌粉颗粒尺寸的减小并且使锌粉表面产生了大量缺陷。随着刻蚀过程的进行,这些不规则的锌粉颗粒逐渐演变成了球形,这就为 SnO_2 微晶提供了最初的形核点。当这些刻蚀后的粉末添加到 $SnCl_4$ 溶液中时,锡离子就跟氨水发生反应并形成了大量的 SnO_2 微晶,这些微小的 SnO_2 微晶吸附于 ZnO 的表面缺陷处。随着水热反应的进行,这些 SnO_2 微晶在 ZnO 核的表面上聚集并且长大,最终形成了这种核壳结构的 ZnO/SnO_2 微球。

图 4.1.5　核壳结构的 ZnO/SnO_2 微球的形貌演变机理图

图 4.1.6 为核壳结构的 ZnO/SnO_2 微球在工作温度为 150 ~ 500 ℃时对 5×10^{-5} 乙醇的灵敏度,可以看出它在最佳工作温度为 250 ℃时对乙醇的最大灵敏度为 52.7。图 4.1.7 为核壳结构的 ZnO/SnO_2 微球在工作温度为 250 ℃对不同浓度乙醇气体的响应恢复曲线。从图中可以看出它对 5×10^{-6}, 1×10^{-5}, 2×10^{-5}, 4×10^{-5}, 5×10^{-5}, 1×10^{-4} 乙醇气体的灵敏度分别为 5.8,12.2,24.9,44.6,52.7,63.2,可见它随着浓度的增加灵敏度会提高,而它在该较低的工作温度下的响应恢复时间为 3 s 和 5 s,比以前报道的单个 ZnO 或者二氧化锡的响应恢复时间要短。

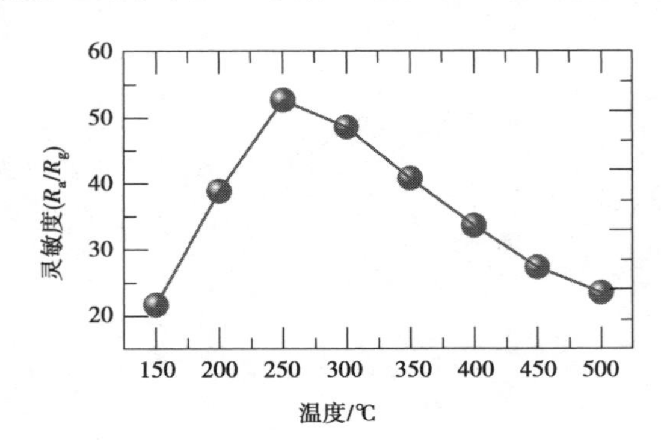

图 4.1.6　用核壳结构的 ZnO/SnO_2 微球制成的气敏传感器在工作温度为 150 ~ 500 ℃时对 5×10^{-5} 乙醇的灵敏度

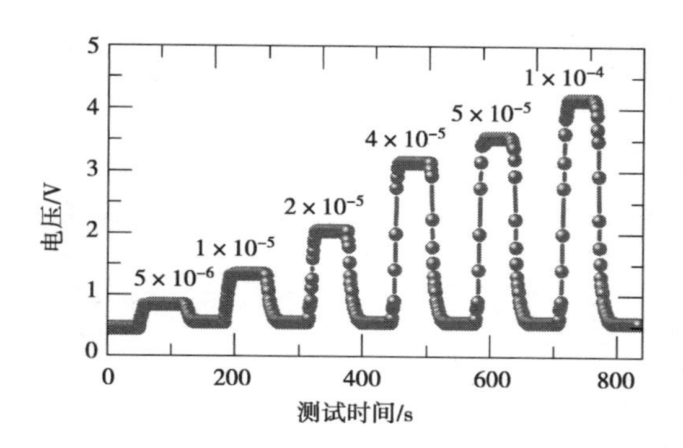

图 4.1.7　用核壳结构的 ZnO/SnO_2 微球制成的气敏传感器在工作温度为 250 ℃时对不同浓度乙醇的响应恢复曲线

当半导体金属氧化物在不同的气体中时，它的电阻会发生改变，这也是核壳结构的 ZnO/SnO_2 微球具有灵敏度的原因。ZnO 与 SnO_2 都是优良的 N 型半导体，它们的气敏机理都是表面控制型。当核壳结构的 ZnO/SnO_2 微球暴露在空气中时，空气中的氧分子就会吸附于它们的表面并且俘获自由电子变成吸附氧（如 O^{2-} 和 O^-），一旦这种化学吸附达到平衡时，它的表面电阻就稳定了。而当它放置于乙醇气体中时，乙醇气体分子就会与它表面的吸附氧发生反应，释放出俘获的自由电子到氧化物的导带中从而增加了电子浓度，使电阻得到了降低，释放出气敏信号。

4.1.4　小结

本章采用水热法制备了独特核壳结构的 ZnO/SnO_2 微球复合材料，研究了合成条件的变化对核壳结构的 ZnO/SnO_2 微球产物尺寸和形貌的影响，揭示了核壳结构 ZnO/SnO_2 微球的生长机理，并研究了 ZnO/SnO_2 微球对乙醇等气体的敏感特性。得到的主要结论如下：

①首次制备了一种独特核壳结构的 ZnO/SnO_2 微球，制备的 ZnO/SnO_2 微球的平均直径为 1 ~ 2 μm，并且均匀地分布，这种核壳结构的微球是以 ZnO 微球为核心，SnO_2 小颗粒均匀地分布在该内核的表面上形成的。

②该核壳结构的 ZnO/SnO_2 微球的大致生长过程为：当将锌粉添加到强碱性的氢氧化钠溶液中时，在锌粉的表面发生了强烈的刻蚀过程，导致了锌粉颗粒尺寸的减小并且使锌粉的表面产生了大量的缺陷，从而逐渐演变成了球形，这就为 SnO_2 微晶提供了最初的形核点。当这些刻蚀后的粉末添加到 $SnCl_4$ 溶液中时，锡离子就会和氨水发生反应并形成了大量的 SnO_2 微晶，这些微小的 SnO_2 微晶倾向于吸附在

ZnO 的表面缺陷里。随着水热反应的进行，这些 SnO_2 微晶在 ZnO 核的表面上聚集并且长大，最终形成了这种核壳结构的 ZnO/SnO_2 微球。

③用核壳结构的 ZnO/SnO_2 微球制成的气敏传感器在最佳工作温度为 250 ℃时对 5×10^{-5} 乙醇的最大灵敏度为 52.7，而它在该较低的工作温度下的响应恢复时间很短，仅为 3 s 和 5 s。

4.2 ZnO 球-SnO_2 线复合材料的制备及其气敏性能研究

4.2.1 引言

ZnO 和 SnO_2 均是宽禁带半导体金属氧化物，被广泛地应用在气体传感器领域中。但是低灵敏度，较长的响应恢复时间及较差的温度性限制了它的实际应用。为了提高它们的气敏性能，人们尝试了不少方法，例如，对它们进行金属与稀土元素掺杂，对它们表面进行贵金属元素改性，或者与其他金属氧化物进行复合等。根据最近的研究发现，将 ZnO 和 SnO_2 进行复合可以形成异质结被认为是改善材料气敏性能的一种有效方法。

4.2.2 ZnO 球-SnO_2 线复合材料的制备

ZnO 微球采用水热法制备：将 0.66 g $Zn(CH_3COOH)_2\cdot2H_2O$ 添加到 30 mL 乙醇和单乙醇胺的混合有机溶剂中，并持续磁力搅拌 1 h 直到乙酸锌完全溶解到溶液中。然后将该溶液转入高压反应釜中 160 ℃水热 20 h，反应结束后随炉冷却，采用高速离心机收集白色沉淀。将收集到的白色沉淀用去离子水和无水乙醇多次清洗，并在 60 ℃空气气氛下烘干，得到了所需的 ZnO 微球。将收集 0.15 g 所得的 ZnO 样品、$SnCl_2\cdot2H_2O$ (0.5 g)、PVP (0.2 g)、乙醇 (10 mL)溶解到二甲基甲酰胺中并在 35 ℃下搅拌 2 h，然后将得到的前驱体采用电纺丝进行制备，其中静电电压为 12.4 kV。最后将得到的 ZnO-SnO_2 样品在 300 ℃下焙烧 2 h，得到最终产物 ZnO 球-SnO_2 线复合材料。

4.2.3 结果与讨论

图 4.2.1(a)是得到 ZnO 样品的典型 XRD 图谱。所有的衍射峰都与六方纤锌

矿晶型的ZnO标准卡片(空间群P63mc,JCPDS卡,编号No.36-1451)匹配得都很好,我们没有发现任何第二相或者杂质峰出现,表明制备的ZnO是纯相的六方纤锌矿结构。图4.2.1(c)为制备ZnO-SnO_2样品的XRD衍射图谱,从图中可以看出样品是由ZnO和SnO_2组成的,其中ZnO是标准的六方纤锌矿结构,SnO_2是四方晶红石结构,没有任何杂峰被检测到,表明在反应过程中没有其他中间产物生成。

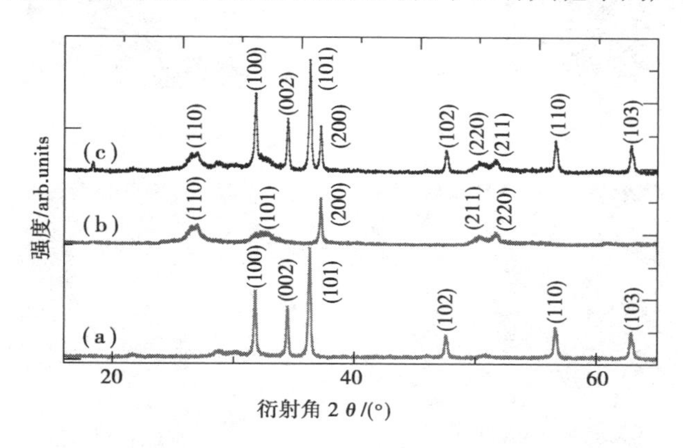

图4.2.1 样品的典型XRD图谱

图4.2.2为制备的ZnO样品的SEM照片,可以发现制备的ZnO样品呈规则球形,平均尺寸约为300 nm,进一步观察可以发现这些ZnO球体是由很多ZnO纳米颗粒自组装而成的,并且具有空心结构。图4.2.3为制备的SnO_2样品的SEM照片,可以发现制备的SnO_2样品为线状,其平均长度约为2 μm。图4.2.4为制备的ZnO-SnO_2样品的SEM照片,从图中可以看出许多ZnO微球均匀地覆盖在SnO_2纳米线上,进一步细致观察,发现SnO_2纳米线缠结在ZnO微球周围,形成了独特的分层结构。

图4.2.2 制备的ZnO样品的SEM照片

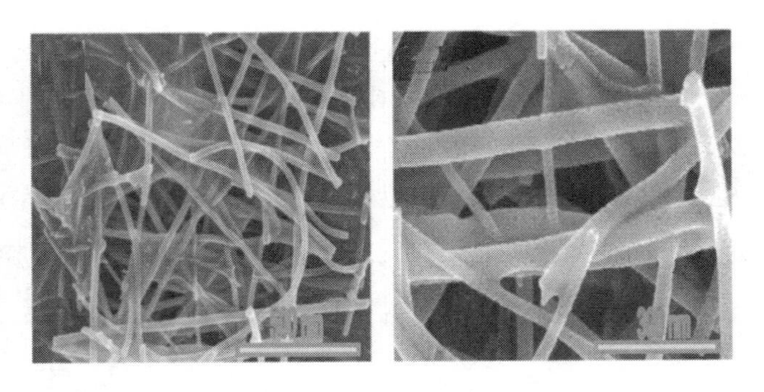

图 4.2.3　制备的 SnO_2 样品的 SEM 照片

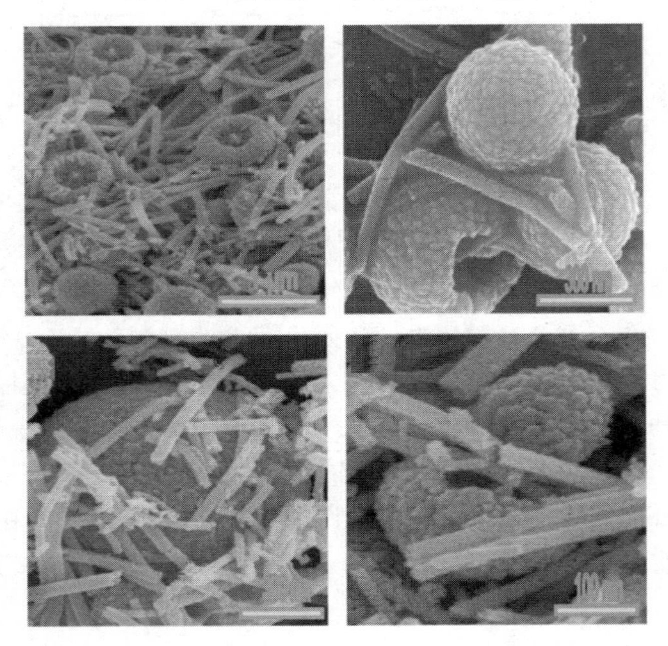

图 4.2.4　制备的 ZnO-SnO_2 样品的 SEM 照片

在气敏材料的制备过程中，材料的比表面积大小对气敏性能有一定影响，因为大多数的气体吸附都发生在材料表面。本实验中材料为纳米级别，其比表面积根据 BET 理论方法用材料的吸、脱附曲线获得，孔径分布根据 BJH 方法获得，如图 4.2.5 所示。根据吸、脱附曲线及滞后环形状分类可看出，复合前后吸、脱附曲线均为Ⅳ型曲线，滞后环为拟型。测得的孔径尺寸为 22.1 nm（ZnO 微球），10.2 nm（SnO_2 纳米线），25.6 nm（ZnO-SnO_2 复合材料）与比表面积为 30.4 m^2/g（ZnO 微球），13.7 m^2/g（SnO_2 纳米线），33.5 m^2/g（ZnO-SnO_2 复合材料），从测得数据可以看出，制备 ZnO-SnO_2 复合材料具有最大的比表面积和孔径分布，这归因于其独特的分层和空心结构。

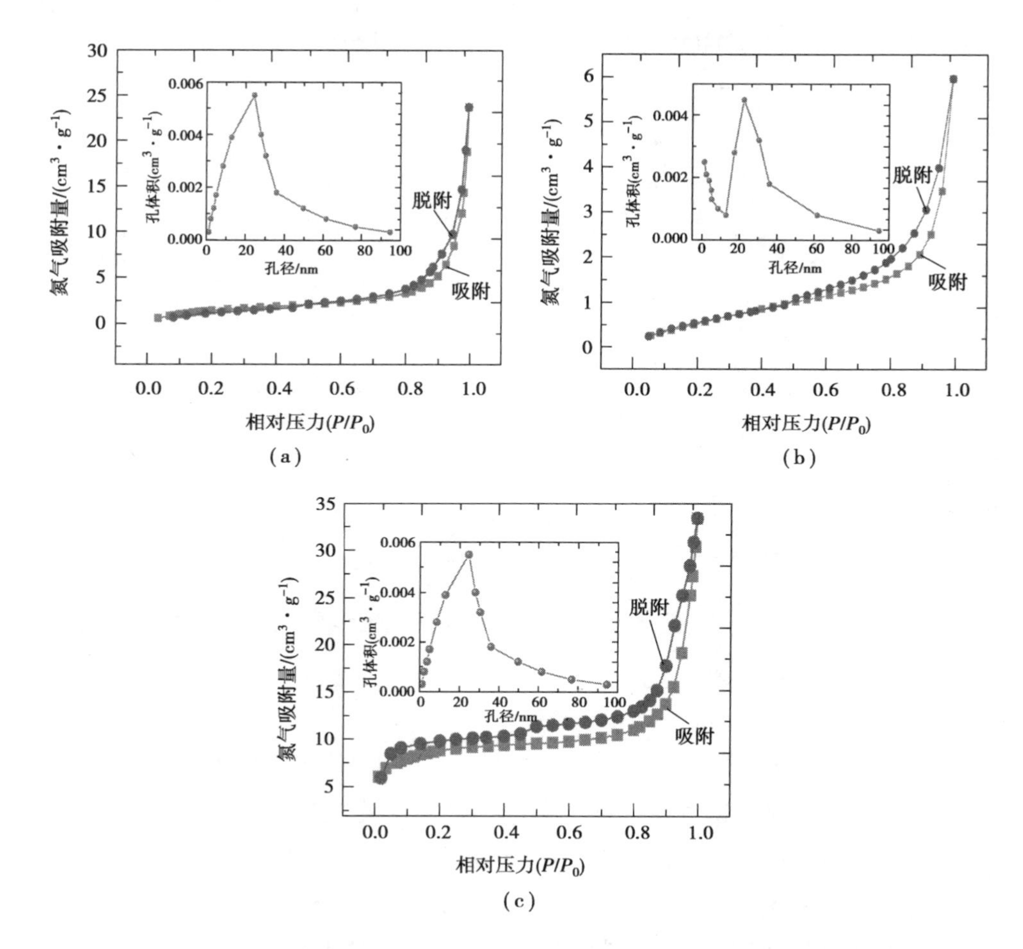

图 4.2.5　ZnO 微球、SnO_2 纳米线、ZnO-SnO_2 复合材料的比表面积及孔径测试图

许多研究表明将两种或两种以上的材料复合是一种有效提高材料气敏性能的方法。为了找到其最佳工作温度,在 60～360 ℃对 2×10^{-5} 乙醇气体进行了灵敏度测试。如图 4.2.6(a)所示,ZnO 微球、SnO_2 纳米线、ZnO-SnO_2 复合材料的最佳工作温度分别为 270,150,210 ℃,对应的最高灵敏度为 49.3,31.2 和 97.5,在所有的材料中,ZnO-SnO_2 复合材料具有最高灵敏度。图 4.2.6(b)—(d)为 ZnO 微球、SnO_2 纳米线、ZnO-SnO_2 复合材料在优化工作温度 270,150,210 ℃对 2×10^{-5} 乙醇的响应恢复曲线。其中 ZnO-SnO_2 复合材料的响应恢复特性变化最迅速。ZnO 微球、SnO_2 纳米线、ZnO-SnO_2 复合材料的响应恢复时间分别为:12 s 和 8 s,10 s 和 13 s,7 s 和 9 s,ZnO-SnO_2 复合材料具有最短的响应恢复时间,表明气体分子在这种复合材料中更容易通过。

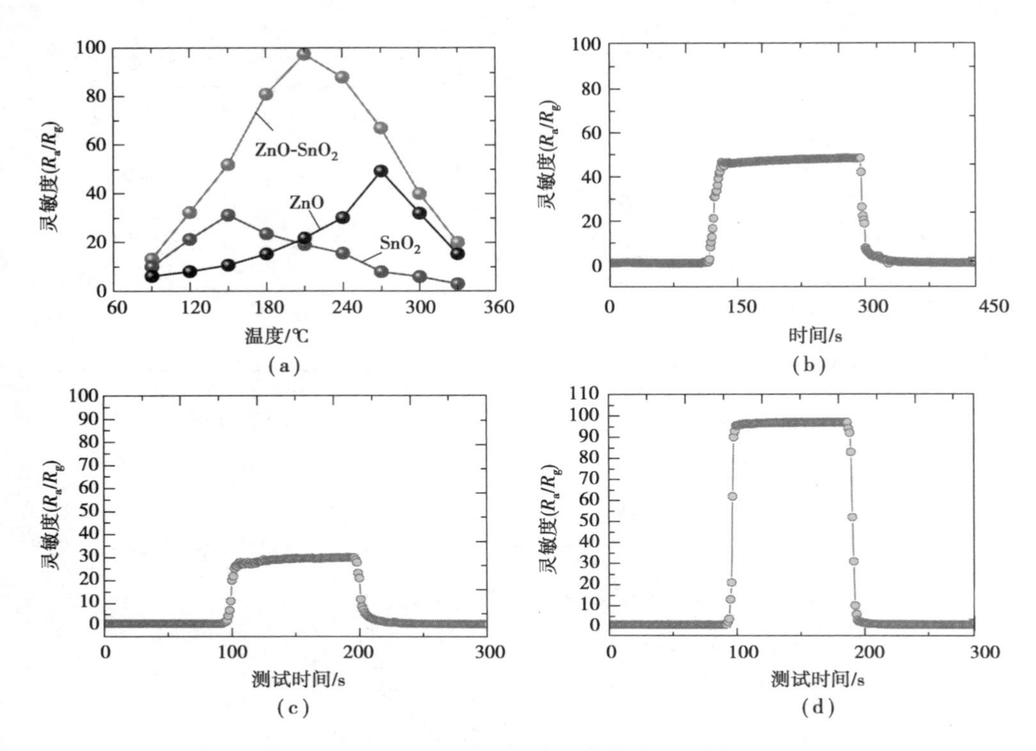

图 4.2.6　ZnO 微球、SnO_2 纳米线、ZnO-SnO_2 复合材料的气敏性能测试图

对于 N 型金属氧化物半导体的气敏机理,被接受最广泛的理论是基于气敏材料表面和目标气体之间存在有电子转移的化学吸附,导致半导体材料电阻发生变化。当气敏材料暴露在空气中时,空气中的氧分子会吸附在材料表面,然后从材料中吸收电子形成化学态的吸附氧。在操作温度低于 150 ℃时,吸附氧主要为 O^{2-};当温度继续升高超过 150 ℃,部分 O^{2-} 会在热力学能足够的条件下继续得电子生成 O^{-},当吸附达到平衡后,在材料表面会形成一层电子耗尽层,此时材料电阻稳定。当通入乙醇气体后,乙醇亲电能力强于氧气,可先于氧气从材料导带直接吸收电子,甚至直接夺取吸附氧电子,乙醇的吸附反应降低了材料表面电子浓度,电子耗尽层厚度增大,对载流子为电子的 N 型半导体,其电阻明显升高。

复合物中两种材料接触界面由电子的转移导致表面电子耗尽层发生变化,势垒增加,势垒的变化能够直接反映到气敏响应提高。该机理在相关文献中均有解释,因此认为 N-N 异质结的形成是提高气敏性能主要原因。从电镜图中可看出 ZnO-SnO_2 形貌均是由无数小晶粒聚集组成的。当 ZnO-SnO_2 发生复合之后,在两者结合界面产生内表面,形成 N-N 异质结。由于 ZnO 功函数大于 SnO_2,在内表面电子会

从 SnO_2 流向 ZnO 直到达到新的平衡，费米能级相等。最终，在 ZnO 内表面形成一层累积层而在 SnO_2 内表面形成一层耗尽层，导致能带发生弯曲产生内建势垒。当通入亲电能力更强的乙醇气体之后会继续夺取材料导带电子导致材料耗尽层增宽，势垒增高，结果电阻增大，灵敏度增强。换句话说，N-N 异质结的形成导致目标气体与材料之间产生更多的电子转移，明显改变势垒高度。而势垒的变化能够直接影响材料电阻的升降，这也解释了为什么 ZnO-SnO_2 复合之后电阻大于纯 SnO_2，且灵敏度会增加。

4.2.4 小结

我们通过水热和静电纺丝相结合的方法制备了 ZnO-SnO_2 复合材料。该复合材料具有较大的比表面积和孔径分布，进一步的气敏性能研究表明该复合材料在 210 ℃的工作温度下对 2×10^{-5} 乙醇气体具有高达 97.5 的灵敏度，此外响应恢复时间仅有 7 s 和 9 s。该材料气敏性能的提高是因为本身具有的空心多孔结构，其两者复合后产生了 N-N 异质结。

4.3 Fe 掺杂 ZnO/rGO 纳米复合材料的制备及甲醛气敏性能研究

4.3.1 引言

甲醛（化学式：HCHO）是天然存在的气体，在日常生活中随处可见，其对人体健康有潜在危害。世界卫生组织（WHO）指出，即使长期低浓度接触甲醛，也会导致白血病和造血器官癌，并且幼儿对其尤为敏感。因此，甲醛的微量检测对医疗保健和环境保护至关重要，从而迫切需要开发高灵敏度，低功耗且具有良好甲醛选择性的传感器。

基于金属氧化物的化学传感器（MOS），例如 SnO_2，WO_3，In_2O_3，ZnO 和 Cu_2O 已经有了报道，其是作为检测有毒污染物气体的有前途候选物。其中，由于 ZnO 具有优异的化学稳定性和电子结构，并且在高温下对甲醛具有良好的敏感性，因而成为一种备受关注的材料。但是，纯 ZnO 的甲醛气敏性能在室温附近很差。在低工作温度下进行甲醛检测对其高效的实时检测将是理想的。近年来，由于大的比表面积和出色的电子性能，还原氧化石墨烯（rGO）被用于感测应用的改性材料。迄今为止，已经报道了许多基于 rGO 的气体传感器可有效检测各种挥发性物质。例如,Lee 等通过热退火方法合成 ZnO-rGO 复合材料,当 ZnO/rGO 质量比为 0.08 时,ZnO-rGO 气体传感器对 NO_2 的气体敏感性高达 47.4%。改进的气体传感机制归因于含氧官能团的去除,ZnO 材料的氧空位提供电子以及 C—O—Zn 键的形成。Rong 等制备了一系列具有不同 rGO 质量分数的 SnO_2/rGO 纳米复合材料,发现 rGO 质量分数为 0.5% 的样品,在 100 到 160 ℃之间对 HCHO 蒸气的响应最高。甲醛感测性能增强归因于纳米复合材料的大表面积和 rGO 的合适电子传输通道。Pan 等通过简便的基于溶液的自组装方法合成了 rGO-Cu_2O 纳米复合材料。室温下,rGO/Cu_2O 复合材料(rGO 含量为 1%)比纯 Cu_2O 表现出优异的选择性、快速地响应和恢复时间,并且响应性是纯 Cu_2O 的 2.8 倍。感应性能的增强归因于 rGO 的结合,rGO 的加入增加了气体吸附的活性位点并使载体运输加快。因此,用 rGO 装饰 MOS 似乎是增强气体传感特性的有效方法。

为了进一步提高 rGO-MOS 的传感性能,许多研究人员还进行了化学掺杂或与第三相复合。例如,Bhati 等用射频溅射法合成了以 0.75% rGO 修饰的 Ni 掺杂的 ZnO 传感器。该传感器在 150 ℃下对 1×10^{-4} 的氢气显示出最大的灵敏度约为 63.8,并且该传感器能够检测到低至 1×10^{-6} 的氢气浓度。sfandiar 等通过水热法制造了基于 Pd-WO_3-rGO 片的氢传感器,该传感器即使在室温下也对 2×10^{-5} 的 H_2 敏感。增强的气体传感性能归因于 rGO 残留的含氧官能团的作用以及金属氧化物/石墨烯基杂化纳米结构的形貌。Wang 等报道了通过水热法将 SnO_2 纳米颗粒嵌入氮掺杂的 rGO(SnO_2/N-rGO)杂化物,与 SnO_2/rGO 相比,在 SnO_2/rGO 杂化物中掺入 N 原子显著提高了室温下的 NO_2 气敏特性。尽管基于 rGO-MOS 纳米复合材料的传感器应用众多,但对该纳米复合材料进行额外掺杂以进一步改善气敏性能的报道很少。

在自然界中,铁是最常见的元素之一。Fe 离子的半径和价与 Zn 离子的不同。当 Fe 掺杂到 ZnO 基体中时,晶格容易发生畸变,并且大量晶体会产生缺陷,因此,在本研究中选择了 Fe 作为掺杂元素。

在此,我们报道了一步水热法制备 Fe 掺杂的 ZnO/rGO 纳米复合材料。根据结构和形貌特征成功制备了 Fe 掺杂的 ZnO/rGO 纳米复合材料。与纯 ZnO 和 ZnO/rGO 纳米复合材料相比,5% Fe 掺杂的 ZnO/rGO 纳米复合材料在 150 ℃的低温下对甲醛气体表现出极大的增强气体响应和快速响应恢复率,这表明 Fe 掺杂的 ZnO/rGO 纳米复合材料可用于低温气体传感应用。基于以上结果,还详细讨论了气体传感机理。

Fe掺杂的ZnO/rGO纳米复合材料增强气敏性能可归因于其有较大的比表面积，形成PN异质结以及更多的氧空位。

4.3.2　ZnO/石墨烯复合材料的制备

氧化石墨烯(GO)的合成步骤如下：在0 ℃下剧烈搅拌，将1 g石墨粉和3 g $KMnO_4$加入含有25 mL浓H_2SO_4的烧杯中。接下来，将450 mL蒸馏水混合到悬浮液中，并将温度升至100 ℃，持续60 min。加入100 mL蒸馏水和10 mL 30% H_2O_2溶液终止反应。最后，将产物过滤并用5% HCl洗涤，然后用乙醇洗涤5次，并在60 ℃下真空干燥12 h。

水热法制备了5%的Fe掺杂的ZnO/rGO纳米复合材料（简称为5%的Fe-ZnO/rGO）。首先，将0.02 g GO放入20 mL乙醇中，并在超声浴中超声处理2 h，以获得均匀的GO分散液。在磁力搅拌下，将乙酸锌(2 mM)、三氯化铁(0.1 mM)和聚乙烯基吡咯烷酮(0.2 g)溶解在蒸馏水(20 mL)中，形成均匀的白色乳状溶液。然后，将GO溶液加到上述溶液中并搅拌60 min以形成均匀的混合物，转移至50 mL高压釜中，并在160 ℃下加热12 h。最后，将沉淀物洗涤并在60 ℃的空气中干燥10 h。同时，使用相同的方法、通过添加不同比例的三氯化铁和GO进行合成，合成了2.5%的Fe-ZnO/rGO，7.5%的Fe-ZnO/rGO、ZnO/rGO和纯ZnO样品进行比较。

4.3.3　结果与讨论

GO，rGO，ZnO，ZnO/rGO和5% Fe-ZnO/rGO样品的XRD图谱如图4.3.1所示。如图4.3.1(a)所示，GO的XRD谱图在2θ处有一个明显的衍射峰大约11.6°，这是GO的典型峰，表明石墨粉末已成功氧化。在GO的水热过程中还原后，24至30°之间的衍射峰归因于rGO的(002)平面。在图4.3.1(b)中，ZnO，ZnO/rGO和5%的Fe-ZnO/rGO样品的衍射峰，全部对应于ZnO($P6_3mc$，JCPDS 36－1451)的(101)，(102)，(110)，(103)，(200)，(120)和(201)的衍射峰一致，但GO和rGO的所有特征峰在ZnO/rGO和5% Fe-ZnO/rGO样品中均消失了。根据以上结果，在ZnO/rGO和5% Fe-ZnO/rGO样品的XRD图谱中未出现明显的rGO衍射峰，这可能归因于rGO含量低。此外，从图4.3.1(b)的插图可以看出，与纯ZnO和ZnO/rGO相比，5% Fe-ZnO/rGO的(002)衍射峰的位置略微移至高衍射角，这表明了晶格参数在变化。而晶格参数的变化可归因于Zn^{2+}的离子半径(0.74 Å)，该半径明显大于Fe^{3+}的离子半径0.645 Å)。基于Scherrer方程，ZnO、ZnO/rGO和5% Fe-ZnO/rGO的微晶尺寸分别计算为 51.9、50.1 和 39.9 nm。结果表明,添加 rGO 不会改变 ZnO 的微晶尺寸,仅吸附在 ZnO 表面上。根据以上 XRD 结果,Fe^{3+}离子成功地掺入 ZnO 晶格中,并减小了 ZnO 的微晶尺寸。

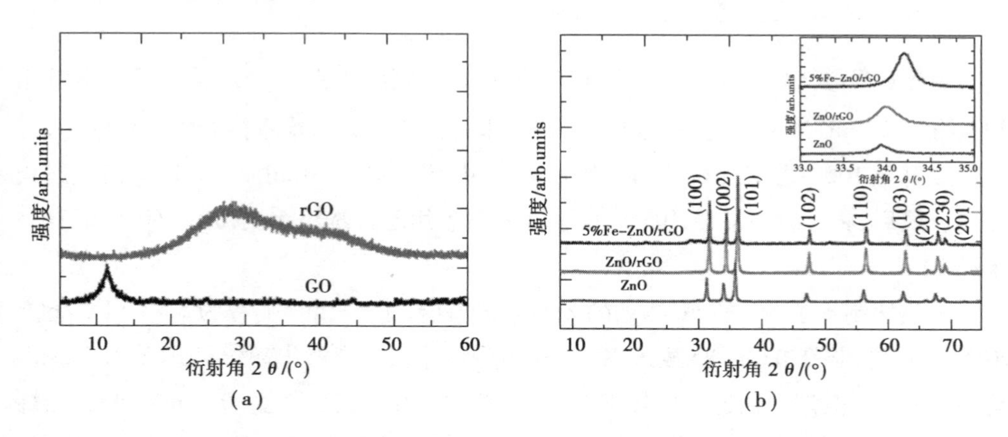

图 4.3.1　GO,rGO,ZnO,ZnO/rGO 和 5at% Fe-ZnO/rGO 样品的 XRD 图谱

图 4.3.2 给出了 GO,rGO,ZnO/rGO 和 5at% Fe-ZnO/rGO 样品的拉曼光谱。所有样本表明,位于 1 350 cm^{-1} 和 1 582 cm^{-1} 处的特征峰,对应于 D 和 G 谱带,这是典型的石墨烯特征峰。rGO、ZnO/rGO 的 D 与 G 谱带的强度比(I_D/I_G),5% Fe-ZnO/rGO 纳米复合材料分别比 GO(0.981)高 1.121、1.126 和 1.158,这可归因于表面含氧官能团的部分改性。拉曼实验结果表明,水热处理后 GO 还原成功。

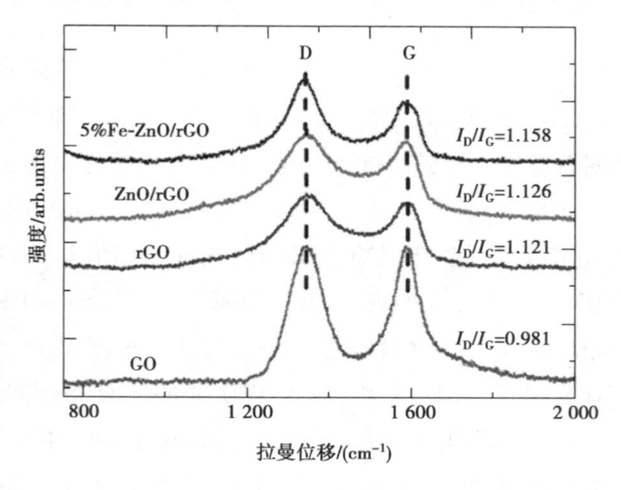

图 4.3.2　GO,rGO,ZnO/rGO 和 5% Fe-ZnO/rGO 样品的拉曼光谱

FTIR 光谱用于分析 GO,ZnO / rGO 和 5% Fe-ZnO/rGO 样品的化学键结构。在图4.3.3 中,GO 的 FTIR 光谱显示了与氧官能团相关的几个不同的强峰,分别位于1 242 cm^{-1}(C—OH),1 618 cm^{-1}(C—OC),1 752 cm^{-1}(C ═O)和3 455 cm^{-1}(OH)。但是,经过水热处理后,ZnO/rGO 和 5% Fe-ZnO/rGO 样品中氧官能团的所有吸附峰变弱甚至消失,这表明通过水热法成功制备 rGO。值得注意的是,Zn—O 键的新峰仅出现在 ZnO/rGO 和 5% 的 Fe-ZnO/rGO 的 518 ~632 cm^{-1} 处。Zn—O 对称的拉伸振动表明 ZnO 在 rGO 纳米片上的分散。然而,ZnO/rGO 和 5% Fe-ZnO/rGO 样品中的 C ═C 吸附峰出现了蓝移,这归因于 ZnO 与 rGO 的相互作用。

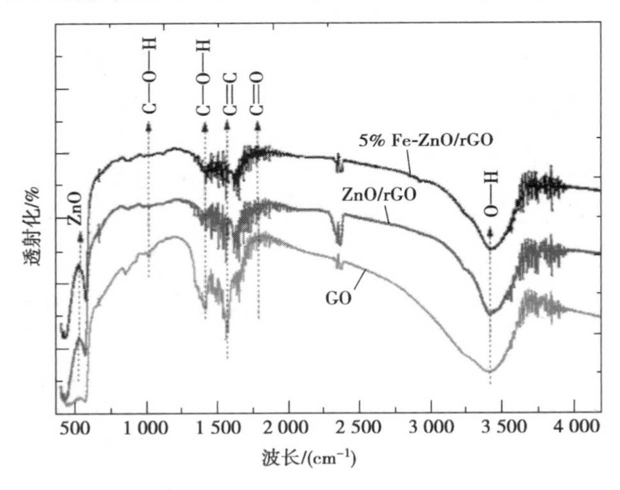

图4.3.3　GO,ZnO/rGO 和 5% Fe-ZnO/rGO 样品的 FTIR 光谱

图4.3.4(a)显示了 5% Fe-ZnO/rGO 产物的 XPS 光谱,清楚地证实了产物中 Fe,Zn,O 和 C 元素的存在。图4.3.4(b)显示出了 Fe 2p 信号;Fe $2p_{1/2}$ 和 Fe $2p_{3/2}$ 信号峰,分别位于 710.2 和 724.1 eV。但是,一个弱衍射峰对应于 $\gamma-Fe_2O_3$ 的717.7 eV 处,表明 Fe^{3+}已成功掺入 ZnO 晶格中。在图4.3.4(c)中,复杂的 C 1s XPS 光谱可分为四个含氧官能团峰,分别对应于 rGO 的 O—C,C,C—O—C/C—O,C—O 和 C—C/C 且分别位于289.1,286.3,284.9 和 284.6 eV。在图4.3.4(d)中,Zn $2p_{3/2}$ 和 Zn $2p_{1/2}$ 峰,分别位于1 044.8 和1 021.8 eV 的中心。从图4.3.4(e)中,通过高斯方法将 O 1s XPS 峰,分为三个 OL(氧晶格)、OV(氧空位)、OC(化学吸附氧)特征峰,分别位于531.6,532.9 和533.4 eV 的中心。

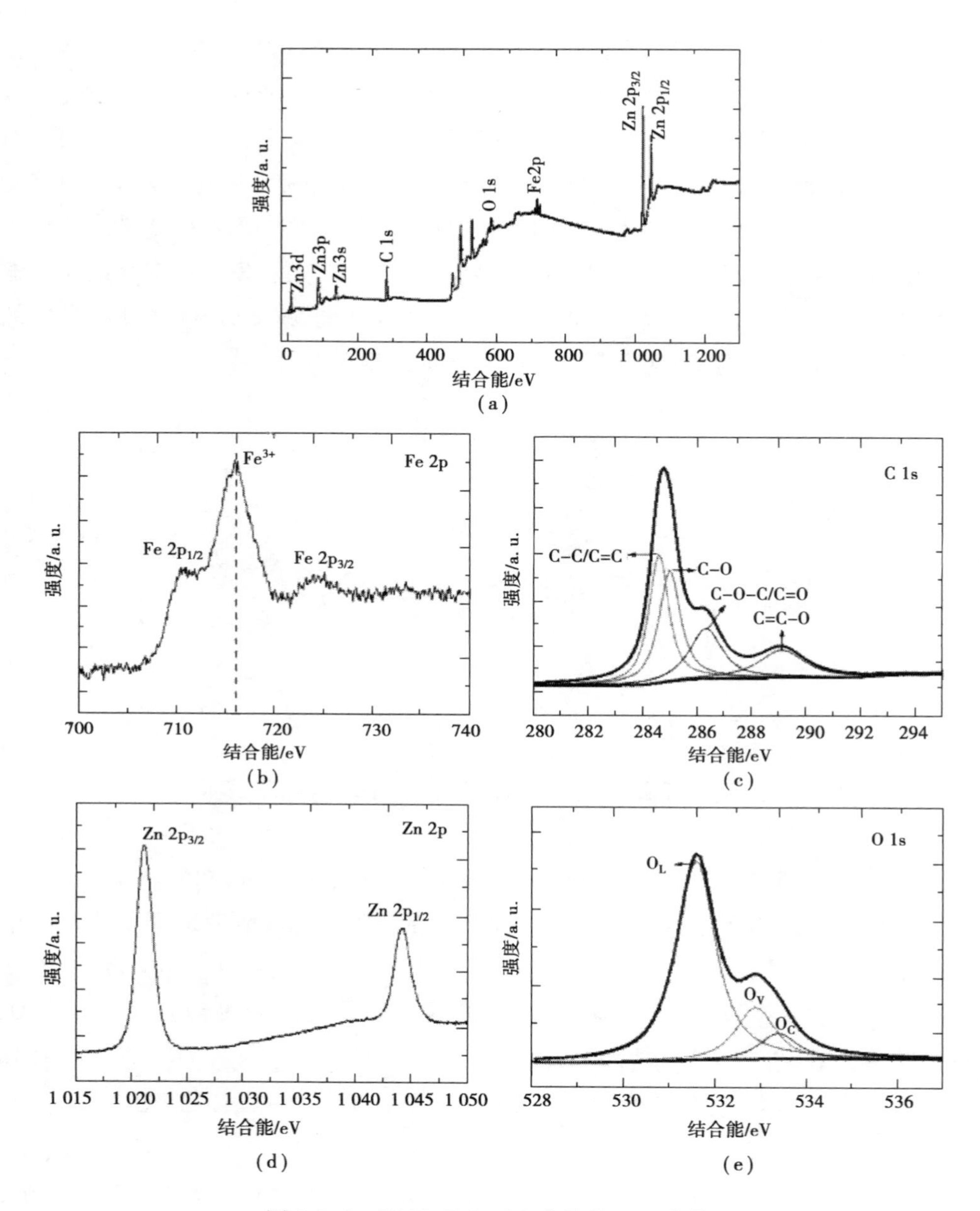

图 4.3.4　5% Fe-ZnO/rGO 产物的 XPS 光谱

图 4.3.5 给出了 ZnO、ZnO/rGO 和 5% Fe-ZnO/rGO 样品的扫描电子显微镜图(SEM)。图 4.3.5(a)—(c)描绘了在不同放大倍数下,纯 ZnO 的 SEM 图像。在图 4.3.5(a)中可以观察到大量具有良好分散性和均一尺寸的 ZnO 六角棱柱。图 4.3.5(b),(c)的场发射扫描电子显微镜图像(FESEM)显示,六角棱柱呈现出光滑表面,

没有任何附着物。ZnO/rGO 纳米复合材料的 SEM 图像如图 4.3.5(d)-(f)所示,纳米复合材料的尺寸与纯 ZnO 的尺寸不一致[图 4.3.5(d)],并且 ZnO 六方柱的表面变得粗糙甚至破裂。值得注意的是,根据图 4.3.5(e),(f)的 FESEM 图像,一些较薄的 rGO 可以观察到覆盖 ZnO 六角棱柱表面的纳米片。图 4.3.5(g)—(i)显示了 5% Fe-ZnO/rGO 的 SEM 图像,可以看出,掺杂一定量的 Fe 后,ZnO 六角棱柱的形貌和尺寸明显改变,ZnO 六角棱柱的侧面像被拦截一样固定[图 4.3.5(g)],并且 ZnO 六角形棱柱下表面变得粗糙而疏松。此外,从图 4.3.5(h),(i)的 FESEM 图像中可以看出,在 ZnO 六角棱柱内部还形成了一些间隔和孔,并且在 ZnO 六角棱柱表面上还附着了一些较薄的 rGO 纳米片。结果表明,通过添加 rGO 和掺杂 Fe 能改变 ZnO 六角棱柱的尺寸和形态。

图 4.3.5　ZnO,ZnO/rGO 和 5% Fe-ZnO/rGO 样品的扫描电子显微镜(SEM)图

图 4.3.6 显示了 5% Fe-ZnO/rGO 六角棱柱的元素分布图,证实了 C,Fe,O,Zn 元素的存在。可以看出,Fe 元素均匀分布在 ZnO 六角棱柱中,而 C 元素主要分布在 ZnO 六角棱柱周围,这与 XPS 和 SEM 结果一致。图 4.3.7 展示了 5% Fe-ZnO/rGO 纳米复合材料的透射电子显微镜图(TEM),可以清楚地看出附着在 ZnO 六角棱柱表面上的 rGO 纳米片。部分 rGO 纳米片的 TEM 图像几乎是透明的,这表明 rGO 纳米片很薄。图 4.3.7 的插图显示了 5% Fe-ZnO/rGO 纳米复合材料的 SAED 模式,该图表明了所制备的 5% Fe-ZnO/rGO 纳米复合材料的多晶结构。

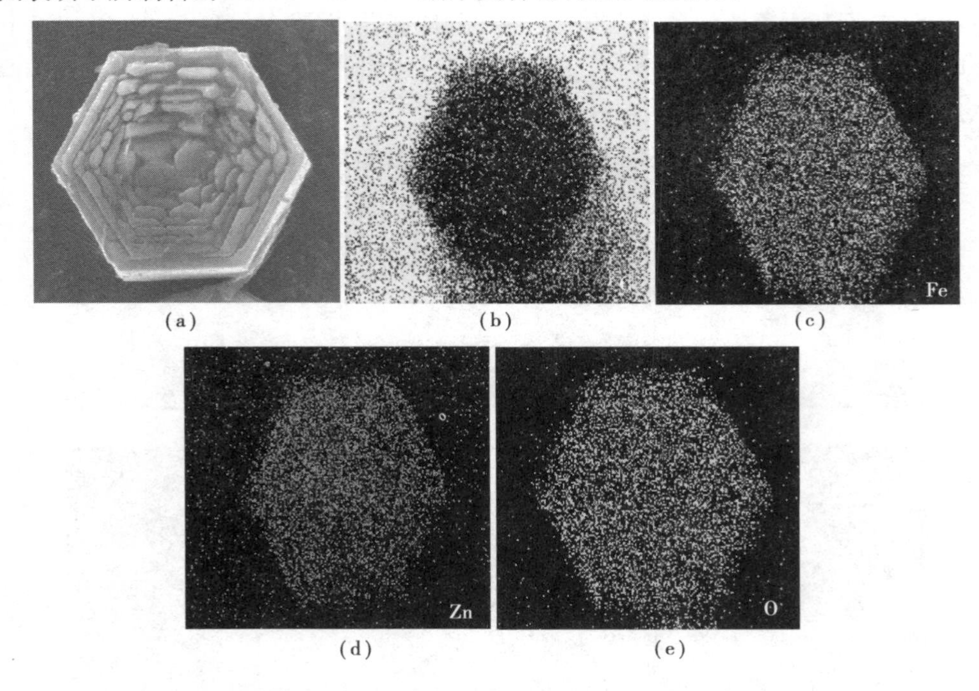

图 4.3.6 5% Fe-ZnO/rGO 六角棱柱的元素分布图

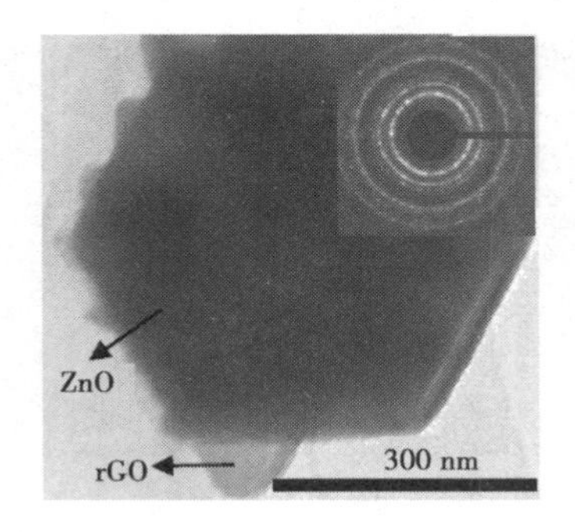

图 4.3.7 5% Fe-ZnO/rGO 的透射电子显微镜图(TEM)

图 4.3.8 显示了 5% Fe-ZnO/rGO 样品的 BET 表面积的结果和孔经分布。IV 型物理吸附等温线和 H3 型磁滞回线反映了在 5% Fe-ZnO/rGO 样品中存在中孔和狭缝状孔[图 4.3.7(a)]。此外，图 4.3.8(b)显示孔尺寸分布在 5 至 80 nm 之间，在 5% Fe-ZnO/rGO 样品中留有一些开放的中孔(约 10.9 nm)。ZnO, ZnO/rGO 和 5 原子% Fe-ZnO/rGO 的 BET 表面积和孔体积数据分别为(16.5 m^2/g, 0.039 cm^3/g), (35.9 m^2/g, 0.055 cm^3/g)和(48.2 m^2/g, 0.061 cm^3/g)。5% Fe-ZnO/rGO 样品具有最大的 BET 表面积和孔体积。据我们所知，ZnO 是一种表面控制型传感材料，因此增加的 BET 表面积和孔径可以为目标气体分子增加气敏反应位点，从而大大改善气敏性能。

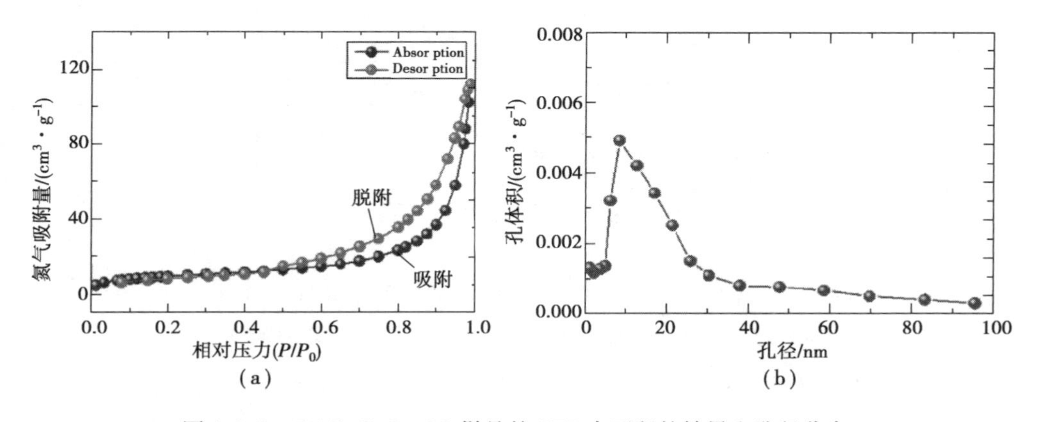

图 4.3.8　5% Fe-ZnO/rGO 样品的 BET 表面积的结果和孔径分布

4.3.4　气体传感器性能

最佳工作温度对气体传感器至关重要。因此，我们测量了基于 ZnO, ZnO/rGO, 2.5% Fe-ZnO/rGO, 5% Fe-ZnO/rGO 和 7.5% Fe-ZnO/rGO 样品的传感器对 5×10^{-6} 甲醛的气体响应作为工作温度的函数。图 4.3.9 显示了传感器在 20 ~ 270 ℃的不同温度下对 5×10^{-6} 甲醛的气体响应值。有趣的是，所有传感器在最佳工作温度下均表现出最大的气体响应。测试的最大气体响应和最佳工作温度为 22 0℃ (ZnO)时 S_{max} = 3.6, 120 ℃ (ZnO/rGO)时 S_{max} = 8.2, 120 ℃时 S_{max} = 10.3 (2.5% Fe-ZnO/rGO)，在 120 ℃ (5% Fe-ZnO/rGO)下 S_{max} = 12.7，在 120 ℃ (7.5% Fe-ZnO/rGO)下 S_{max} = 7.6。值得注意的是，基于 5% Fe-ZnO/rGO 的传感器显示出对甲醛的气体响应最高，几乎是纯 ZnO 的 4 倍。同时，与纯 ZnO 传感器相比，5% Fe-ZnO/rGO 传感器的最佳工作温度已降至约 100 ℃。另一方面，基于 Fe 掺杂的 ZnO/rGO 和 ZnO/rGO 的

传感器即使在室温(20 ℃)下也显示出气体响应信号,但是在此温度下基于纯 ZnO 的传感器没有气体响应信号。从以上结果可以得出结论,添加 rGO 可以降低操作温度并改善 ZnO 的气体响应。而且,掺杂 Fe 可以进一步增强 ZnO/rGO 复合材料的气体响应,并且 Fe 的最佳掺杂量为5%。因此,选择 5% Fe-ZnO/rGO 样品来详细研究气体传感性能。

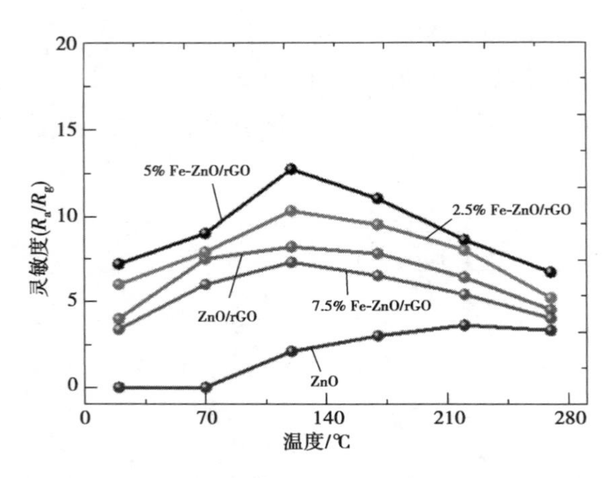

图 4.3.9　基于 ZnO,ZnO/rGO,2.5% Fe-ZnO/rGO,5% Fe-ZnO/rGO 和 7.5% Fe-ZnO/rGO 的传感器在不同温度下对 5×10^{-6} 甲醛的灵敏度

由于气体选择性是在气体传感器的应用中的重要参考因素,因此测量了 ZnO,ZnO/rGO 和 5% Fe-ZnO/rGO 传感器在最佳工作温度下对 6 种典型室内污染物气体的 5×10^{-6} 的气体响应(最佳工作温度:对于 ZnO 为 220 ℃,ZnO/rGO 和 5% Fe-ZnO/rGO 样品为 120 ℃)。图 4.3.10 显示了三个传感器对 6 种典型的室内有害挥发性气体的气体响应的柱状图,其中包括一氧化碳(CO),苯(C_6H_6),丙酮(CH_3COCH_3),甲醛(HCHO),甲基苯(C_7H_8)和氨(NH_3)。柱状图中,ZnO,ZnO/rGO 和 5% Fe-ZnO/rGO 传感器均表现出对甲醛有较好的选择性。值得注意的是,5% Fe-ZnO/rGO 传感器具有最大的气体响应比值,其中气体响应比定义为甲醛/其他目标气体。5% Fe-ZnO/rGO 传感器的气体响应比在 2.5 和 11.5 之间,而纯 ZnO 的气体响应比仅在 1.4 和 5.1 之间。通常,甲醛与氨相比,氨是一种更强的还原性气体,但传感器对甲醛的气体响应要比氨高。在气体传感测试过程中,NH_3 更有可能与水分子结合成 $NH_3 \cdot H_2O$ 并与 ZnO 结合形成$[Zn(H_2O)_m(NH_3)_n]^{2+}$络合物,其中 $m=2,3,4,6$ 和$n=0,1,2,3$,这消耗了大量的 NH_3 并阻碍了气体传感反应,从而导致较低的氨气响应。根据以上实验结果,5% Fe-ZnO/rGO 传感器对甲醛具有良好的选择性。

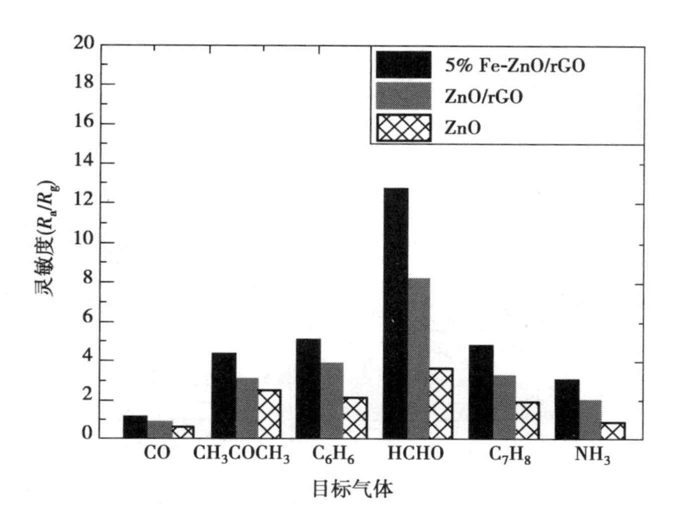

图 4.3.10 ZnO,ZnO/rGO 和 5% Fe-ZnO/rGO 传感器在最佳工作温度下对 6 种典型室内污染物气体的 5×10^{-6} 的气体响应

图 4.3.11(a)—(c)显示了在最佳工作温度下 ZnO,ZnO/rGO 和 5% Fe-ZnO/rGO 传感器对 $1\times10^{-6}\sim5\times10^{-6}$ 甲醛的气体响应。随着甲醛浓度的增加,三个传感器的气体响应曲线呈现出持续上升趋势,但是对于任何一种甲醛气体浓度,5% Fe-ZnO/rGO 的响应都明显高于纯 ZnO 和 ZnO/rGO 的响应。图 4.3.12 显示了基于 ZnO,ZnO/rGO 和 5% Fe-ZnO/rGO 的三个传感器对 5×10^{-6} 甲醛的单个响应恢复特性。ZnO 传感器响应时间和恢复时间分别为 51 s 和 26 s,ZnO/rGO 传感器响应时间和恢复时间分别为 41 s 和 31 s,5% Fe-ZnO/rGO 传感器响应时间和恢复时间分别为 34 s 和 37 s。有趣的是,与其他两个传感器相比,5% Fe-ZnO/rGO 传感器的响应时间更快,但恢复时间更长。可以归因于 5% Fe-ZnO/rGO 传感器的大比表面积和大量孔,这有利于气体扩散和感应(如快速响应时间),但不利于气体解吸的原因是材料中的孔洞或孔洞分布狭长且堵塞(如恢复时间长)。

在四个不同的湿度条件下[干燥,20%,40% 和 60% 相对湿度(RH)],研究了相对湿度对基于 5% Fe-ZnO/rGO 的传感器对不同甲醛浓度的气敏性能影响。如图 4.3.13 所示,随着 RH 的增加,5% Fe-ZnO/rGO 传感器的气体响应迅速降低。另一方面,从干燥状态到 40% RH,5% Fe-ZnO/rGO 传感器表现出相对稳定和快速的响应时间。但是,在高湿度(60% RH)下,响应恢复时间突然变长了。在高 RH 条件下,水蒸气被 rGO 和 ZnO 表面吸收,从而限制了氧离子(O^-或 O^{2-})的吸收,并阻塞

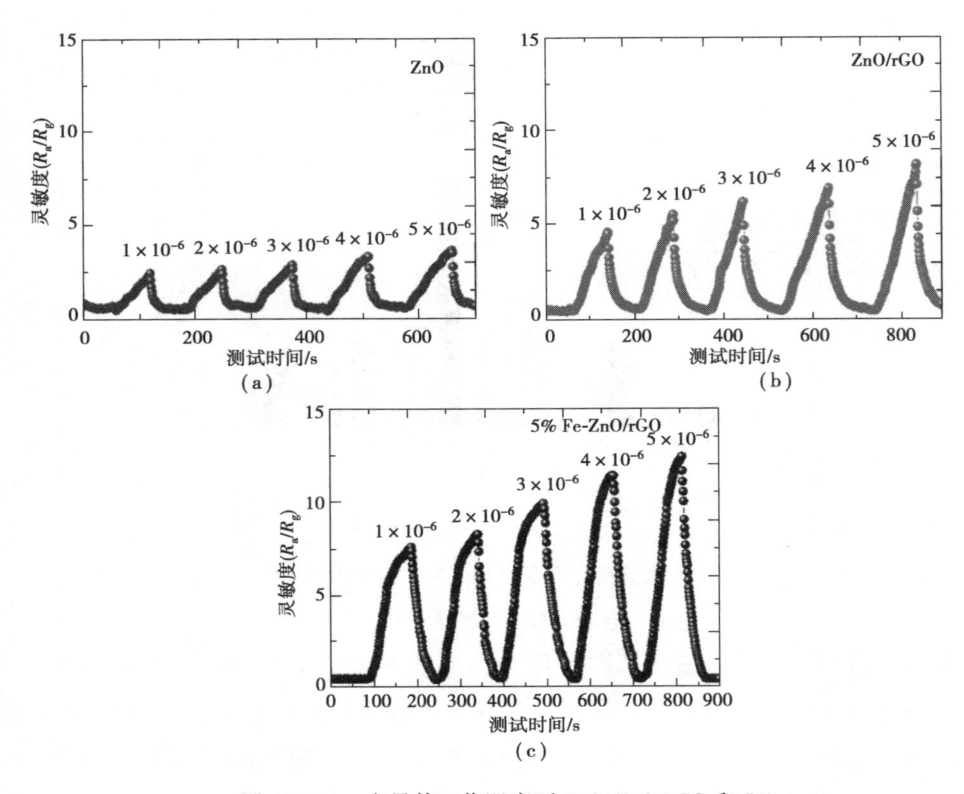

图 4.3.11　在最佳工作温度下 ZnO,ZnO/rGO 和 5%

Fe-ZnO/rGO 传感器对 1×10^{-6} ~5×10^{-6} 甲醛的气体响应恢复时间

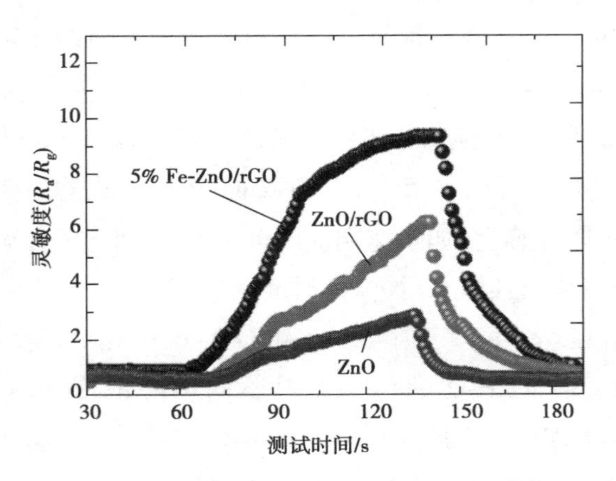

图 4.3.12　基于 ZnO,ZnO/rGO 和 5% Fe-ZnO/rGO

的三个传感器对 5×10^{-6} 甲醛的单个响应恢复特性

了表面吸附甲醛分子。因此，Fe-ZnO/rGO 传感器对甲醛的气体响应降低，响应恢复时间也延长。通常，随着湿度的增加，5% Fe-ZnO/rGO 传感器表现出恶化的气敏性能。

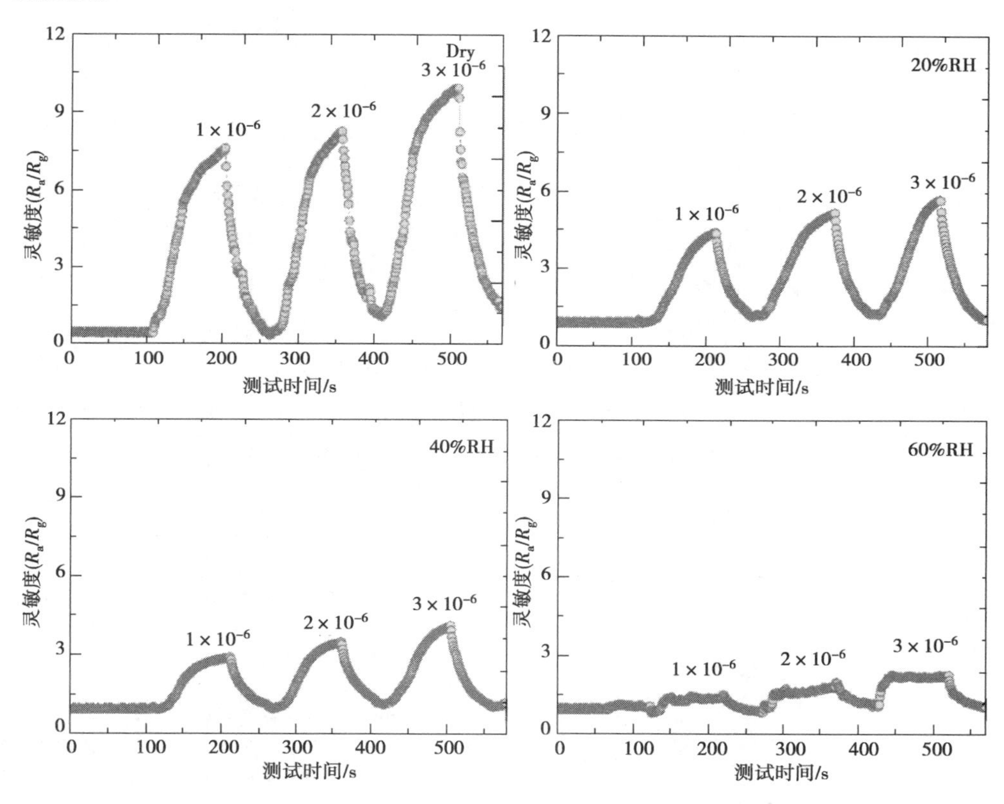

图 4.3.13 在四个不同的湿度条件下基于 5% Fe-ZnO/rGO 的气体传感器对不同甲醛浓度的气敏性能

为了满足甲醛检测的实际应用，基于 5% Fe-ZnO/rGO 的传感器的气敏特性在 120 ℃和 20% RH 下进行了全面测试。图 4.3.14 是 5% Fe-ZnO/rGO 传感器对不同浓度的甲醛气体的灵敏度。当甲醛浓度达到 45×10^{-6} 时，传感器的气体响应值呈现出快速增加的趋势，随着甲醛浓度的进一步增加呈现出缓慢增长的趋势，最终在 7×10^{-5} 甲醛浓度时达到约 81.8 的饱和灵敏度值。值得注意的是，5% Fe-ZnO/rGO 传感器的气体响应从 $0.1\times10^{-7}\sim1\times10^{-6}$ 甲醛浓度几乎呈线性增加（参见图 4.3.14 的插图）。对线性动态范围从 $1\times10^{-7}\sim1\times10^{-6}$ 进行研究，其线性曲线的斜率（$\Delta_{(R_a/R_g)}/\Delta_{(浓度)}$）约为 4.667。计算出 5% Fe-ZnO/rGO 传感器对甲醛的检测理论极限约为 19×10^{-9}（信噪比大于 3）。

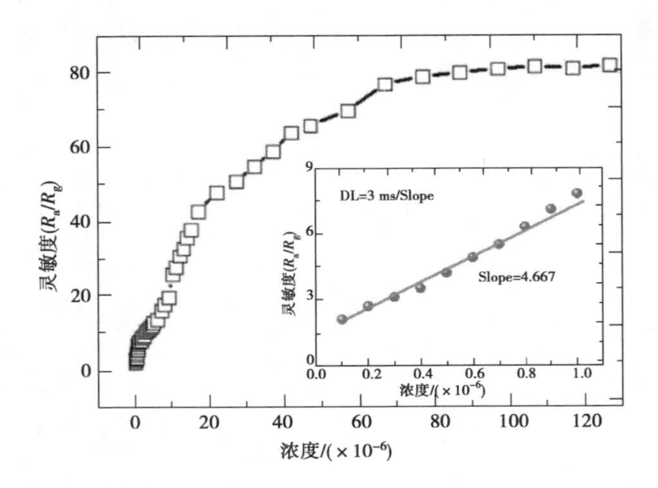

图 4.3.14　5% Fe-ZnO/rGO 传感器对
不同浓度的甲醛气体的灵敏度

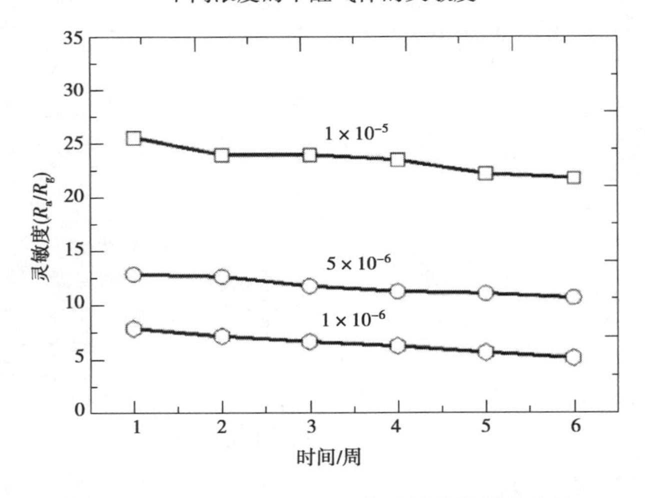

图 4.3.15　5% Fe-ZnO/rGO 传感器的长期稳定性

如图 4.3.15 所示，研究了 5% Fe-ZnO/rGO 传感器的长期稳定性，并在 1×10^{-6}、5×10^{-6}、1×10^{-5} 甲醛下测试了 6 周的灵敏度值。在这三个循环测试中，甲醛（1×10^{-6}，5×10^{-6} 和 1×10^{-5}）对气体的响应分别为 9.1，8.3 和 7.1，表明 5% Fe-ZnO/rGO 传感器甚至在低浓度下仍具有良好的稳定性，并且 5% Fe-ZnO/rGO 传感器的灵敏度在高甲醛浓度下更加稳定。

4.3.5　气敏机理

电子-空穴的分离效率可以通过光致发光(PL)光谱进行分析。如图 4.3.16(a)所示,ZnO,ZnO/rGO 和 5% Fe-ZnO/rGO 样品的 PL 光谱显示出相似的发射峰。UV 发射在 397 和 423 nm 处的峰源自自由激子的复合,绿色发射在 476 nm 处的增强峰归因于电子与光激发空穴的复合。图 4.3.16(b)显示了,当将 rGO 添加到 ZnO/rGO 和 5% Fe-ZnO/rGO 样品中时,绿色发射峰显著减弱,这是由于 rGO 具有出色的导电性,类似于 Mott-Schottky 效应。此外,由于 rGO 具有优越的电性能,因此在室温下具有较高的载流子迁移率和可检测的吸附或脱附甲醛的电阻变化,这导致 ZnO/rGO 复合材料的工作温度低于纯 ZnO。这意味着添加 rGO 可以提高电子传输效率和 ZnO/rGO 纳米复合材料的导电性,从而进一步降低工作温度,并增强基于 ZnO 传感器的气体传感性能。

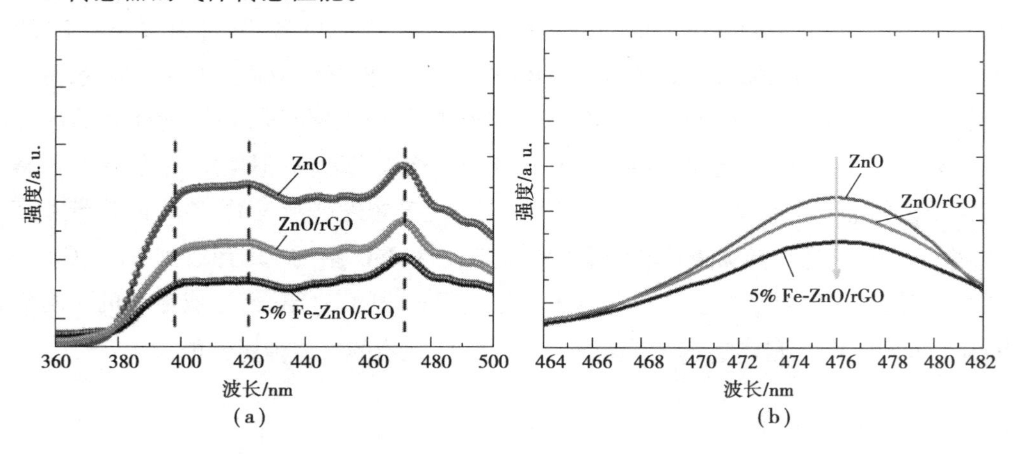

图 4.3.16　ZnO,ZnO/rGO 和 5% Fe-ZnO/rGO 样品的 PL 光谱

通过 UV-vis 光谱学研究了 ZnO,ZnO/rGO 和 5% Fe-ZnO/rGO 的带隙。图 4.3.17(a)显示,所有样品在 UV 区域的±400 nm 处,表现出强烈的吸附性。值得注意的是,5% Fe-ZnO/rGO 样品表现出明显的红移,并将吸收面积从紫外线扩展到 UV-vis,这意味着在 ZnO 的传导带(CB)下可能形成新的掺杂能级。ZnO 是一种直接带隙半导体;吸收系数(α)、带隙(E_g)和光子能量($h\upsilon$)之间的关系是 $\alpha h\upsilon = C(h\upsilon - E_g)^{\frac{1}{2}}$。通过外推($h\upsilon$)$-\alpha h\upsilon^2$图到 $\alpha h\upsilon^2 = 0$,图 4.3.17(a)可转换为图 4.3.17(b)。图 4.3.17(b)中,ZnO,ZnO/rGO 和 5% Fe-ZnO/rGO 的 E_g 值分别为 3.51,3.49,3.23 eV。可以看出,rGO 对 ZnO 禁带宽度的变化几乎没有任何影响,而 Fe 掺杂显然缩小了 ZnO 的禁带宽度。

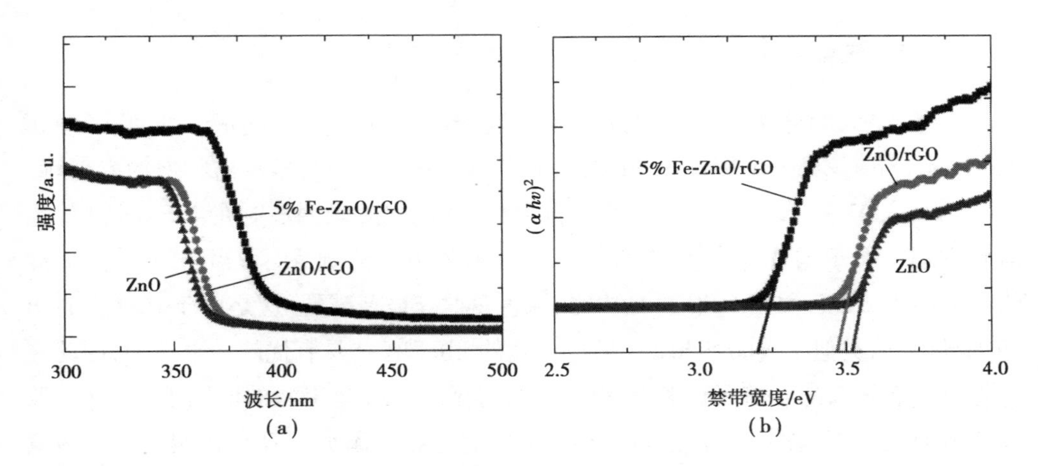

图 4.3.17　Zn,ZnO/rGO 和 5% Fe-ZnO/rGO 的 UV-vis 光谱

在图 4.3.18 中,ZnO、ZnO/rGO 和 5% Fe-ZnO/rGO 的价带位置(VB)分别由 VB XPS 确定。ZnO, ZnO/rGO 和 5% Fe-ZnO/rGO 的 VB 位置分别为 2.32, 2.32 和 2.84 eV,表明 Fe 掺杂导致 ZnO 的 VB 位置上升。根据禁带宽度和 VB 位置,可以计算出 ZnO,ZnO/rGO 和 5% Fe-ZnO/rGO 的传导带(CB)位置,并绘制样品的能带图。如图 4.3.19 所示,添加 rGO 对 ZnO 能带结构没有影响,但使用 Fe 的掺杂调整了禁带位置并向上移动 CB 和 VB 位置(CB 的上升幅度高于 VB),ZnO 的禁带宽度被缩小。因此,通过热激发,电子可以更容易地从 ZnO 中的 CB 释放到 VB。CB 的明显上升可以产生更多电子,这些电子将与表面吸收的 O_2 结合,形成更多的吸附氧离子(O_2^- 和 O_2^{2-}),最终通过 Fe 掺杂提高 ZnO 传感器的气体传感性能。

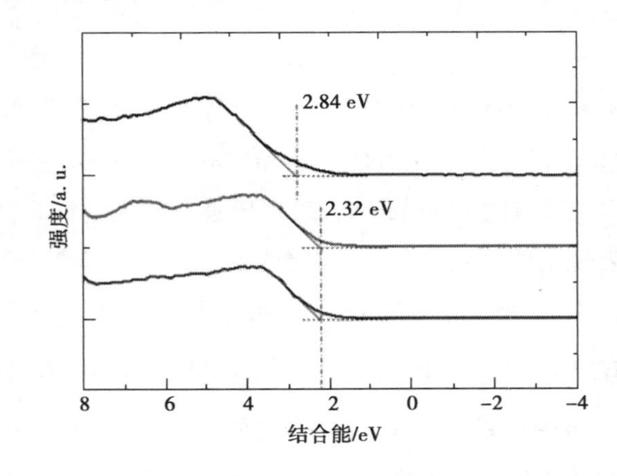

图 4.3.18　ZnO,ZnO/rGO 和 5% Fe-ZnO/rGO 的 VB XPS

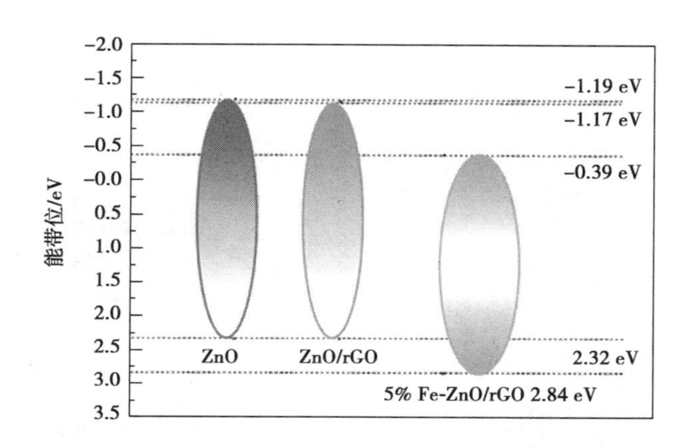

图 4.3.19 ZnO,ZnO/rGO 和 5% Fe-ZnO/rGO 的能带结构图

根据 XRD 结果,掺杂的 Fe 离子在 ZnO 基质中代替了 Zn 离子,而适当的氧空位($V_O^{\cdot\cdot}$)则因化合价和离子半径的不同而产生。

$$ZnO \xrightarrow{Fe^{3+}} Fe_{Zn} + \frac{3}{2}O_O^X + \frac{1}{2}V_O^{\cdot\cdot}$$

在这里,Fe_{Zn} 是锌位点的 Fe 替代,O_O^X 是晶格氧,$V_O^{\cdot\cdot}$ 是氧空缺。由于 $V_O^{\cdot\cdot}$ 中心很容易捕获电子以形成 $V_O^{\cdot\cdot}$,造成 EPR 信号,EPR 光谱可用于证明在样品中存在 $V_O^{\cdot\cdot}$。如图 4.3.20 所示,在 5% Fe-ZnO/rGO 样本中检测到 g 值为 2.09 的弱特性 EPR 信号,而 ZnO 和 ZnO/rGO 样本则未观察到信号。另一方面,ZnO,ZnO/rGO 和 5% Fe-ZnO/rGO 样本显示 EPR 信号的 g 值为 1.999,该信号源于氧空位($V_O^{\cdot\cdot}$)。从图 4.3.20 可以看出,ZnO 和 ZnO/rGO 在 $V_O^{\cdot\cdot}$ 的 EPR 信号中表现出相同的强度。这些氧空位缺陷是在 ZnO 的结晶过程中产生的。值得注意的是,5% Fe-ZnO/rGO 表现出最强的 EPR 信号,这意味着将 Fe 引入 ZnO 纳米复合材料会显著增加氧空位的数量。$V_O^{\cdot\cdot}$ 常作为吸附和反应场所会形成大量的 O_2^- 和 O_2^{2-}。因此,Fe 掺杂提供了大量的气体吸附位点,容易从 ZnO 中捕获电子,增加了 ZnO 复合材料的电子损耗层。当 5% Fe-ZnO/rGO 传感器暴露于空气和甲醛中时,其相对电阻变化明显,这显著提高了气体传感性能。

我们所制备的 5% Fe-ZnO/rGO 纳米复合材料由 rGO 纳米薄片和 Fe 掺杂 ZnO 球体组成,其中 rGO 纳米薄片被紧紧吸附在 Fe 掺杂 ZnO 球体表面[图 4.3.21(a)]。当 ZnO 传感器暴露在一定工作温度的空气中时,表面吸附的氧离子(O^- 和 O^{2-})是通过从 ZnO 的 CB 捕获电子而产生的。

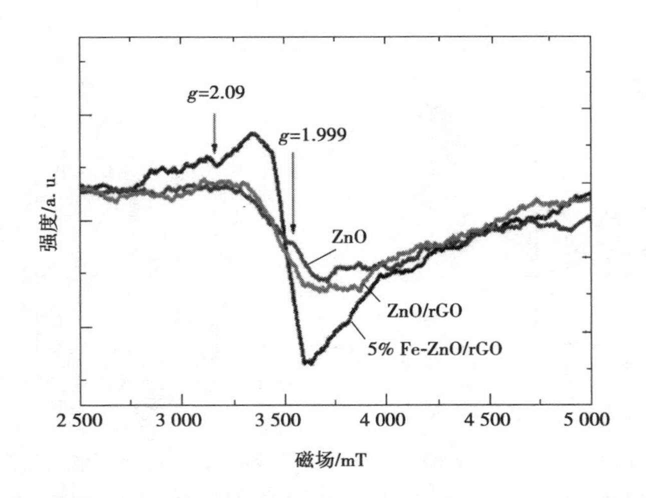

图 4.3.20　ZnO,ZnO/rGO 和 5% Fe-ZnO/rGO 的 EPR 谱图

随着工作温度的升高,产生了更多的表面吸附氧离子,形成了较大的电子耗尽层。这个过程减少了载体浓度和 ZnO 传感器材料呈现高阻状态,如图[4.3.21(b)]所示。

当 ZnO 传感器接触甲醛时,甲醛气体分子与吸附的氧离子发生反应

$$HCHO_{(gas)}+O_{2(ads)}^{-}\longrightarrow H_2O+CO_2+e^-$$

$$HCHO_{(gas)}+2O_{(ads)}^{-}\longrightarrow H_2O+CO_2+2e^-$$

$$HCHO_{(gas)}+2O_{(ads)}^{2-}\longrightarrow H_2O+CO_2+4e^-$$

因此,如图 4.3.21(c)所示,被吸收的氧所捕获的电子被释放回 ZnO 的 CB 中,降低了电子耗尽层,形成低电阻状态。

图 4.3.22 显示了基于 ZnO/rGO 的传感器在 120 ℃下暴露于空气和 5×10^{-6} 甲醛的电阻变化曲线。从图 4.3.22 可以看出,rGO 表现出典型的 P 型电阻曲线,而 ZnO 表现出典型的 N 型电阻曲线。Bhati 等也报道了 rGO 经常表现出 P 型半导体特性,工作函数约为 4.75 eV,ZnO 是一种 N 型半导体,工作函数约为 4.3 eV。

基于上述结果,本书提出的增强型气体传感机理如图 4.3.21 所示。水热法制备 ZnO/rGO 复合材料时,可以在 ZnO/rGO 复合材料界面形成 PN 异质结[图 4.3.21(a)]。大多数载流子是 P 型 rGO 中的空穴,是 N 型 ZnO 中的电子。由于 ZnO 的功函数较低和 rGO 的超导特性,空穴从 rGO 转移到 ZnO,在 ZnO 与 rGO 的界面处,电子导电从 N-ZnO 转移到 P-rGO。因此,当 ZnO/rGO 复合材料被加热到一定温度时,ZnO 的 CB 中的热离子电子会在 PN 异质结中从 ZnO 转移到 rGO,加速了 ZnO 中载流子

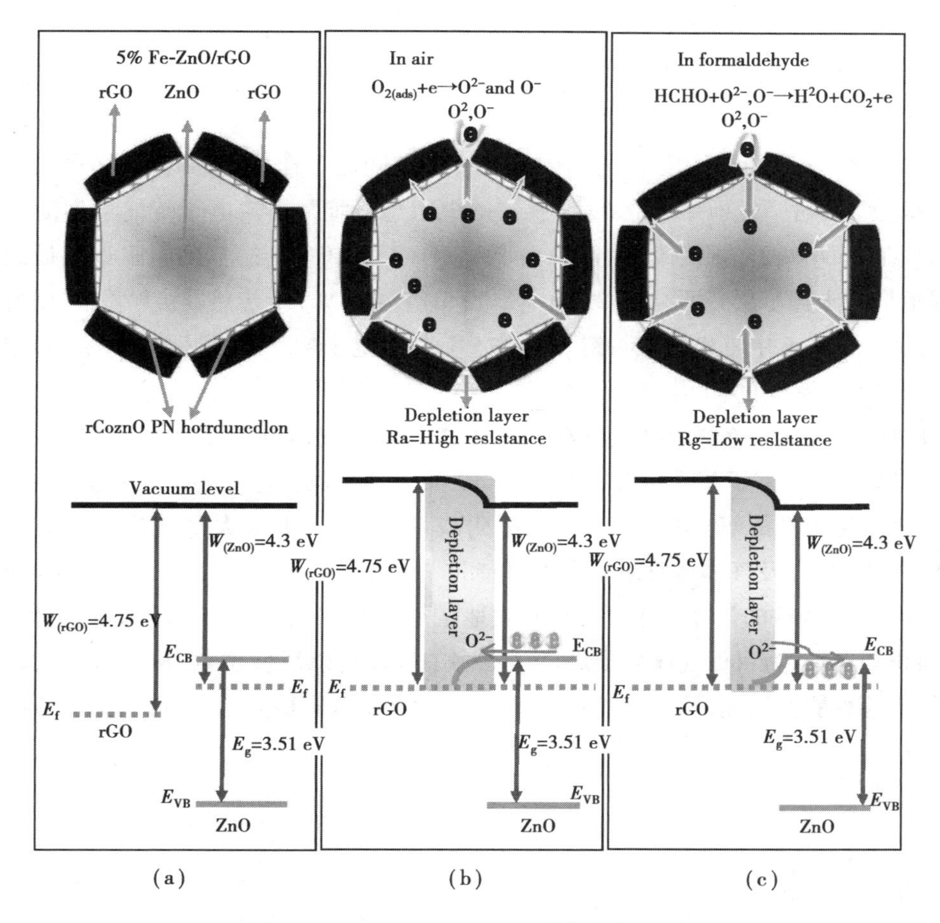

(a) (b) (c)

图4.3.21 5% Fe-ZnO/rGO的气敏机理图

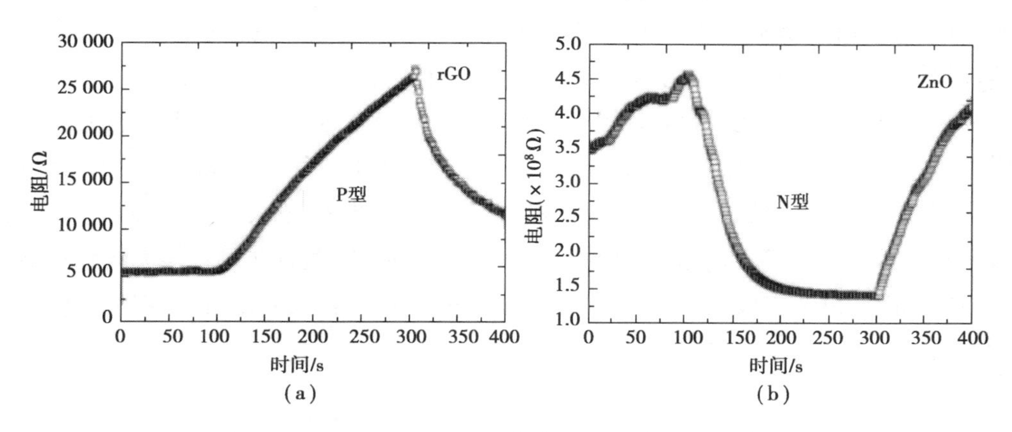

(a) (b)

图4.3.22 rGO的P型电阻曲线和ZnO的N型电阻曲线

(电子和空穴)的分离效率。在另一方面,rGO 常常提出一种零带隙,像一个金属结,并且费米能级 rGO 比 ZnO 的 CB 位置更积极,所以热离子电子转移从 ZnOrGO 是一个低能量消耗的过程,这将降低 5% Fe-ZnO/rGO 传感器的工作温度。在电子传递过程中,在 PN 异质结中形成了一层较厚的耗尽层,随着工作温度的升高,耗尽层会进一步增大;同时,5% Fe-ZnO/rGO 传感器的电阻急剧增加。当电子传输达到动态平衡后,在 ZnO/rGO 异质结处发生带弯曲,5% Fe-ZnO/rGO 传感器的电阻达到最大值(即增加电子耗尽层)[图 4.3.21(b)]。当 5% Fe-ZnO/rGO 传感器接触甲醛,甲醛和吸附氧离子反应并捕获电子回到 ZnO 的 CB,减少电子耗尽层,最后 5% Fe-ZnO/rGO 传感器到达最低的阻力值[图 4.3.21(c)]。这种气体传感反应过程导致了 5% Fe-ZnO/rGO 传感器的电阻急剧变化,显著提高了气体对甲醛的传感性能。另一方面,Fe 掺杂调整了禁带位置,缩小了 ZnO 的禁带间隙。与此同时,Fe 掺杂在 ZnO 宿主中产生大量的氧空位,作为气体吸附或反应位点,形成大量被吸收的氧离子(O_2^- 和 O_2^{2-}),以及气体传感对甲醛的性能进一步增强。rGO 的加入和 Fe 的掺杂也使 ZnO 六角棱柱的尺寸减小,因此,有效地增加了 5% Fe-ZnO/rGO 纳米复合材料的表面积和孔径,为目标气体分子提供了更多的气体传感反应位点,从而大大提高了气体传感性能。因此,掺杂 Fe 和用 rGO 纳米片修饰具有协同效应,可以增强 ZnO 的气敏性能。

4.3.6 小结

采用一步水热法制备了 Fe 掺杂的 ZnO/rGO 纳米复合材料。rGO 的加入和 Fe 的掺杂降低了 ZnO 六角棱柱的尺寸,增加了 ZnO 纳米复合材料的表面积。与纯 ZnO 和 ZnO/rGO 相比,5% Fe-ZnO/rGO 纳米复合材料在相对较低的温度下对甲醛的气体传感性能有较大的提高。基于 5% Fe-ZnO/rGO 的传感器在 120 ℃下对 5×10^{-6} 甲醛表现出 12.7 的灵敏度,响应时间和恢复时间分别短至 34 s 和 37 s,具有良好的稳定性和选择性,但该传感器也表现出,在 RH 为 40% 以上时气敏性能减弱。基于 5% Fe-ZnO/rGO 传感器的气敏特性,笔者提出了其增强机理:较大的比表面积、rGO-ZnO 异质结、窄的带隙和丰富的氧空位是 5% Fe-ZnO/rGO 气体传感性能大幅度提高的主要原因。以上结果表明,基于 5% Fe-ZnO/rGO 的气体传感器在微量甲醛气体监测方面具有潜在的发展和应用前景。

参考文献

[1] 刘珍，梁伟,许并社,等. 纳米材料制备方法及其研究进展[J]. 材料科学与工艺,2000，8(3)：103-108.

[2] 黄德欢. 纳米技术与应用［M］. 上海：中国纺织大学出版社,2001.

[3] 张金升,许凤秀,王英姿，等. 功能材料综述[J]. 现代技术陶瓷，2002(3)：40-44.

[4] 严百平，朱秉升. 湿敏电导的机理[J]. 西安交通大学学报，1997，31(8)：39-43.

[5] 刘海峰，彭同江，孙红娟，等. 气敏材料敏感机理研究进展[J]. 中国粉体材料[J]. 2007，13(4)：42-45.

[6] 万吉高，黎鼎鑫，黎淑. 半导体元件的研制[J]. 云南大学学报(自然科学版)，1997，19(1)：1-6.

[7] 胡英，周晓华. CuO-ZnO 敏感材料气敏机理的研究[J]. 电子元件与材料，2001，20(2)：5-7.

[8] 孙良彦，刘正绣，常温升. 厚膜 TiO_2 气敏传感器研究[J]. 云南大学学报(自然科学版)，1997，19(2)：135-138.

[9] 娄向东，沈荷生，沈瑜生. ZnO 系半导体陶瓷气敏传感器的进展[J]. 传感器技术，1991，(3)：1-5.

[10] 林颖，鹿崇发. 半导体气敏元件应用中的几个问题[J]. 仪表技术与传感器，1997(2)：48-49.

[11] 李酽,刘敏,刘金城,等. 氧化锌气敏传感器性能的改善及在民航系统的应用[J]. 材料导报, 2014, 28(21):53-56.

[12] BIRRINGER R, GLEITER H, KLEIN H P, et al. Nanoerystalline materials an approach to a novel solid structure with gas-like disorder? [J]. Physics Letters A, 1984, 102(8): 365-369.

[13] BRUS L E. Electron-electron and electron-hole interactions in small semiconductor crystallites: the size dependence of the lowest excited electronic state [J]. Journal of Chemical Physics, 1984, 80(9): 4403-4409.

[14] YING W, MAHLER W. Degenerate four-wave mixing of CdS/polymer composite [J]. Optics Communications, 1987, 61(3): 233-236.

[15] BARBARA B, WERNSDORFER W. Quantum tunneling effect in magnetic particles [J]. Current Opinion in Solid State and Materials Science, 1997, 2(2): 220-225.

[16] AVERBACK R S, HOFLER H J, TAO R. Processing of nano-grained materials [J]. Materials Science and Engineering: A, 1993, 166(1-2): 169-177.

[17] PROVENZANO V, HOLTZ R L. Nanocomposites for high temperature applications [J]. Materials Science and Engineering: A, 1995, 204(1-2): 125-134.

[18] GUO W W , LIU T M, ZHANG H J, et al. Gas-sensing performance enhancement in ZnO nanostructures by hierarchical morphology[J]. Sensors and Actuators B: Chemical, 2012, 166-167: 492-499.

[19] GUO W W, LIU T M, ZENG W, et al. Gas-sensing property improvement of ZnO by hierarchical flower-like architectures[J]. Materials Letters, 2011, 65(23-24): 3384-3387.

[20] YU P, TANG Z K, WONG G K L, et al. Room-temperature gain spectra and lasing in microcrystalline ZnO thin films[J]. Journal of Crystal Growth, 1998, 184-185: 601-604.

[21] HELLEMANS A. Laser light from a handful of dust[J]. Science, 1999, 284: 24-25.

[22] PRYBYLA J A, RIEGE S P, GRABOWSKI S P, et al. Temperature dependence of electromigration dynamics in AI interconnects by read-time microscopy[J]. Ap-

plied Physics Letters, 1998, 73(8): 1038-1040.

[23] SERVICE R F. Materials Science: Will UV lasers beat the blues? [J]. Science, 1997, 276: 895.

[24] LIU C H, ZAPIEN J A, YAO Y, et al. High-density ordered ultraviolet light-emitting ZnO nanowire arrays [J]. Advanced Materials, 2003, 15(10): 838-841.

[25] ZHENG M J, ZHANG L D, LI G H, et al. Fabrication and optical properties of large-scale uniform zinc oxide nanowire arrays by one-step electrochemical deposition technique [J]. Chemical Physics Letters, 2002, 363(1): 123-128.

[26] LI J Y, CHEN X L, LI H, et al. Fabrication of zinc oxide nanorods [J]. Journal of Crystal Growth, 2001, 233(1-2): 5-7.

[27] STAEMMLER V, FINK K, MEYER B, et al. Stabilization of polar ZnO surfaces: validating microscopic models by using CO as a probe molecule[J]. Physical Review Letters, 2003, 90(10): 106102.

[28] MEYER B, MARX D. Density-functional study of the structure and stability of ZnO surfaces[J]. Physical Review B, 2003, 67(3): 5403-5414.

[29] ZHENG W P, SHENG D, ROULEAU C M, et al. Germanium-catalyzed growth of zinc oxide nanowires: A semiconductor catalyst for nanowire synthesis[J]. Angewandte Chemie, 2004, 117(2): 278-282.

[30] WANG X D, SONG J H, WANG Z L. Single-crystal nanocastles of ZnO[J]. Chemical Physics Letters, 2006, 424(1-3): 86-90.

[31] HUGHES W L, WANG Z L. Controlled synthesis and manipulation of ZnO nanorings and nanobows[J]. Applied Physics Letters, 2005, 86(4): 43106.

[32] KONG X Y, DING Y, YANG R S, et al. Single-crystal nanorings formed by epitaxial self-coiling of polar nanobelts[J]. Science, 2004, 303(5662): 1348-1351.

[33] HUGHES W L, WANG Z L. Formation of piezoelectric single-crystal nanorings and nanobows[J]. Journal of the American Chemical Society, 2004, 126(21): 6703-6709.

[34] GAO P X, DING Y, MAI W J, et al. Conversion of zinc oxide nanobelts into superlattice-structured nanohelices[J]. Science, 2005, 309: 1700-1704.

[35] XIANG W, PENG J, XIE S S, et al. Preparation of ZnO sub-micrometer rod

arrays on bent surface of Zn microspheres[J]. Chinese Journal of Luminescence, 2008, 29(3): 475-478.

[36] YIN J Z, LU Q Y, YU Z N, et al. Hierarchical ZnO nanorod-assembled hollow superstructures for catalytic and photoluminescence applications[J]. Crystal Growth & Design, 2010, 10(1): 40-43.

[37] ZENG Y, ZHANG T, FU W, et al. Fabrication and optical properties of large-scale nutlike ZnO microcrystals via a low-temperature hydrothermal route[J]. The Journal of Physical Chemistry C, 2009, 113(19): 8016-8022.

[38] ZENG Y , ZHANG T, WANG L J, et al. Synthesis and ethanol sensing properties of self-assembled monocrystalline ZnO nanorod bundles by poly(ethylene glycol)-assisted hydrothermal process[J]. The Journal of Physical Chemistry C , 2009, 113(9): 3442-3448.

[39] TIAN Z R, VOIGT J A, LIU J, et al. Biomimetic arrays of oriented helical ZnO nanorods and columns [J]. Journal of the American Chemical Society, 2002, 124(44): 12954-12955.

[40] CAO B Q, CAI W P, LI Y, et al. Ultraviolet-light-emitting ZnO nanosheets prepared by a chemical bath deposition method [J]. Nanotechnology, 2005, 16(9): 1734-1738.

[41] LIANG J B, LIU J W, XIE Q, et al. Hydrothermal growth and optical properties of doughnut-shaped ZnO microparticles [J]. Journal of Physical Chemistry B, 2005, 109(19): 9463-9467.

[42] QIAN H S, YU S H, GONG J Y, et al. Growth of ZnO crystals with branched spindles and prismatic whiskers from $Zn_3(OH)_2V_2O_7 \cdot H_2O$ nanosheets by a hydrothermal route [J]. Crystal Growth and Design, 2005, 5: 935-939.

[43] MO M S, YU J C, ZHANG L Z, et al. Self-assembly of ZnO nanorods and nanosheets into hollow microhemispheres and microspheres [J]. Advanced Materials, 2005, 17(6): 756-760.

[44] NIRANJAN R S, HWANG Y K, KIM D K, et al. Nanostructured tin oxide: synthesis and gas-sensing properties [J]. Materials Chemistry and Physics, 2005, 92(2): 384-388.

[45] AHN J P, KIM S H, PARK J K, et al. Effect of orthorhombic phase on hydrogen gas sensing property of thick-film sensors fabricated by nanophase tin dioxide[J]. Sensors and Actuators B: chemical, 2003, 94(2): 125-131.

[46] TAO J C, CHEN X, SUN Y, et al. Controllable preparation of ZnO hollow microspheres by self-assembled block copolymer[J]. Colloids and Surfaces A Physicochemical and Engineering Aspects, 2008, 330(1): 67-71.

[47] ZHANG Y, SHI E W, CHEN Z Z, et al. Fabrication of ZnO hollow nanospheres and "jingle bell" shaped nanospheres[J]. Materials Letters, 2008, 62(8-9): 1435-1437.

[48] LEE J H. Gas sensors using hierarchical and hollow oxide nanostructures: overview [J]. Sensors and Actuators B: Chemical, 2009, 140(1): 319-336.

[49] DEVI G S, HYODO T, SHIMIZU Y, et al. Synthesis of mesoporous TiO_2-based powders and their gas-sensing properties[J]. Sensors and Actuators B: Chemical, 2002, 87(1): 122-129.

[50] HYODO T, ABE S, SHIMIZU Y, et al. Gas sensing properties of ordered mesoporous SnO_2 and effects of coating thereof[J]. Sensors and Actuators B: Chemical, 2003, 93(s 1-3): 590-600.

[51] WAGNER T, KOHL C D, FRÖBA M, et al. Gas sensing properties of ordered mesoporous SnO_2[J]. Sensors, 2006, 6(4): 318-323.

[52] WAN Q, LI Q H, CHEN Y J, et al. Fabrication and ethanol sensing characteristics of ZnO nanowire gas sensors[J]. Applied Physics Letters, 2004, 84(18): 3654-3656.

[53] ZHENG K B, GU L L, SUN D L, et al. The properties of ethanol gas sensor based on Ti doped ZnO nanotetrapods[J]. Materials Science and Engineering B, 2010, 166(1): 104-107.

[54] SINGH R C, SINGH O, SINGH M P, et al. Synthesis of zinc oxide nanorods and nanoparticles by chemical route and their comparative study as ethanol sensors[J]. Sensors and Actuators B: Chemical, 2008, 135(1): 352-357.

[55] WU W Y, TING J M, HUANG P J. Electrospun ZnO nanowires as gas sensors for ethanol detection[J]. Nanoscale Research Letters, 2009, 4(6): 513-517.

[56] SUN Z P, LIU H, ZHANG L, et al. Rapid synthesis of ZnO nano-rods by one-step, room-temperature, solid-state reaction and their gas-sensing properties[J]. Nanotechnology, 2006, 17(9): 2266-2270.

[57] CHO P S, KIM K W, LEE J H. NO_2 sensing characteristics of ZnO nanorods prepared by hydrothermal method[J]. Journal of Electroceramics, 2006, 17(2): 975-978.

[58] ZENG X Y, YUAN J L, WANG Z Y, et al. Nanosheet-based microspheres of Eu^{3+} doped ZnO with efficient energy transfer from ZnO to Eu^{3+} at room temperature[J]. Advanced Materials, 2007, 19(24): 4510-4514.

[59] HIEU N V, CHIEN N D. Low-temperature growth and ethanol-sensing characteristics of quasi-one-dimensional ZnO nanostructures [J]. Physica B Condensed Matter, 2008, 403(1): 50-56.

[60] MA S, LI R, LV C, et al. Facile synthesis of ZnO nanorod arrays and hierarchical nanostructures for photocatalysis and gas sensor applications[J]. Journal of Hazardous Materials, 2011, 192(2): 730-740.

[61] GENG B Y, LIU J, WANG C H. Multi-layer ZnO architectures: polymer induced synthesis and their application as gas sensors[J]. Sensors and Actuators B, 2010, 150(2): 742-748.

[62] JING Z H, ZHAN J H. Fabrication and gas-sensing properties of porous ZnO nanoplates[J]. Advanced Materials, 2008, 20(23): 4547-4551.

[63] JIA X H, FAN H Q, AFZAAL M, et al. Solid state synthesis of tin-doped ZnO at room temperature: characterization and its enhanced gas sensing and photocatalytic properties[J]. Journal of Hazardous Materials, 2011, 193: 194-199.

[64] LAI Y L, MENG M, YU Y F, et al. Photoluminescence and photocatalysis of the flower-like nano-ZnO photocatalysts prepared by a facile hydrothermal method with or without ultrasonic assistance[J]. Applied Catalysis B: Environmental, 2011, 105(3-4): 335-345.

[65] TIAN Z R R, VOIGT J A, LIU J, et al. Complex and oriented ZnO nanostructures [J]. Nature Materials, 2003, 2(12): 821-826.

[66] FENG Y J, ZHANG M, GUO M, et al. Studies on the PEG-assisted hydrothermal

synthesis and growth mechanism of ZnO microrod and mesoporous microsphere arrays on the substrate[J]. Crystal Growth & Design, 2010, 10(4): 1500-1507.

[67] YU Q J, YU C L, YANG H B, et al. Growth of dumbbell-like ZnO microcrystals under mild conditions and their photoluminescence properties[J]. Inorganic Chemistry, 2007, 46(15): 6204-6210.

[68] LIU P L, SIAO Y J. Ab initio study on preferred growth of ZnO[J]. Scripta Materialia. 2011, 64(6): 483-485.

[69] ZHU Y F, ZHOU G H, DING H Y, et al. Controllable synthesis of hierarchical ZnO nanostructures via a chemical route[J]. Physica E: Low-Dimensional Systems and Nanostructures, 2010, 42(9): 2460-2465.

[70] LI X Y, ZHAO F H, FU J X, et al. Double-sided comb-like ZnO nanostructures and their derivative nanofern arrays grown by a facile metal hydrothermal oxidation route[J]. Crystal Growth & Design, 2008, 9(1): 409-413.

[71] ZHANG Y, XU J Q, XIANG Q, et al. Brush-like hierarchical ZnO nanostructures: synthesis, photoluminescence and gas sensor properties[J]. Journal of Physical Chemistry C, 2009, 113(9): 3430-3435.

[72] SINGH S, RAO M S R. Green light emitting oxygen deficient ZnO forks, brooms and spheres[J]. Scripta Materialia, 2009, 61 (2): 169-172.

[73] WANG H B, PAN Q M, CHENG Y X, et al. Evaluation of ZnO nanorod arrays with dandelion-like morphology as negative electrodes for lithium-ion batteries[J]. Electrochimica Acta, 2009, 54 (10): 2851-2855.

[74] WANG X J, ZHANG Q L, WAN Q, et al. Controllable ZnO architectures by ethanolamine-assisted hydrothermal reaction for enhanced photocatalytic activity[J]. Journal of Physical Chemistry C, 2011, 115(6): 2769-2775.

[75] YAN X D, LI Z W, ZOU C W, et al. Renucleation and sequential growth of ZnO complex nano/microstructure: from nano/microrod to ball-shaped cluster[J]. Journal of Physical Chemistry C, 2010, 114(3): 1436-1443.

[76] LI B X, WANG Y F. Facile synthesis and enhanced photocatalytic performance of flower-like ZnO hierarchical microstructures[J]. Journal of Physical Chemistry C, 2010, 114(2): 890-896.

[77] SOUNART T L, LIU J, VOIGT J A, et al. Secondary nucleation and growth of ZnO [J]. Journal of the American Chemical Society, 2007, 129 (51): 15786-15793.

[78] ZHANG T R, DONG W J, KEETER-BREWER M, et al. Site-specific nucleation and growth kinetics in hierarchical nanosyntheses of branched ZnO crystallites[J]. Journal of the American Chemical Society, 2006, 128(33): 10960-10968.

[79] GAO X P, ZHENG Z F, ZHU H Y, et al. Rotor-like ZnO by epitaxial growth under hydrothermal conditions [J]. Chemical Communications, 2004, 10 (12): 1428-1429.

[80] ZHAO F H, LI X Y, ZHENG J G, et al. ZnO pine-nanotree arrays grown from facile metal chemical corrosion and oxidation[J]. Chemistry of Materials, 2008, 20(4): 1197-1199.

[81] LAO J W HUANG J Y, WANG D Z, et al. ZnO nanobridges and nanonails[J]. Nano Letters, 2003, 3(2): 235-238.

[82] GUO W W, LIU T M, SUN R, et al. Hollow, porous, and yttrium functionalized ZnO nanospheres with enhanced gas-sensing performances[J]. Sensors and Actuators B: Chemical, 2013, 178(1): 53-62.

[83] CHEN M, WANG Z H, HAN D M, et al. High-sensitivity NO_2 gas sensors based on flower-like and tube-like ZnO nanomaterials [J]. Sensors and Actuators B: Chemical, 2011, 157(2): 565-574.

[84] AYAD M M, HEFNAWEY G E, TORAD N L. A sensor of alcohol vapours based on thin polyaniline base film and quartz crystal microbalance[J]. Journal of Hazardous Materials, 2009,168(1): 85-88.

[85] SUN P, CAI Y X, DU S S, et al. Hierarchical α-Fe_2O_3/SnO_2 semiconductor composites: hydrothermal synthesis and gas sensing properties[J]. Sensors and Actuators B: Chemical, 2013,182: 336-343.

[86] RAI P, KIM Y S, SONG H M, et al. The role of gold catalyst on the sensing behavior of ZnO nanorods for CO and NO_2 gases [J]. Sensors and Actuators B: Chemical, 2012, 165: 133-142.

[87] RAI P, YU Y T. Synthesis of floral assembly with single crystalline ZnO nanorods

and its CO sensing property[J]. Sensors and Actuators B: Chemical, 2012, 161(1): 748-754.

[88] RAI P, YU Y T. Citrate-assisted hydrothermal synthesis of single crystalline ZnO nanoparticles for gas sensor application[J]. Sensors and Actuators B: Chemical, 2012,173:58-65.

[89] RAI P, RAJ S, KO K, et al. Synthesis of flower-like ZnO microstructures for gas sensor applications[J]. Sensors and Actuators B: Chemical, 2013, 178(1): 107-112.

[90] BAI S L, CHEN L Y, LI D Q, et al. Different morphologies of ZnO nanorods and their sensing property[J]. Sensors and Actuators B: Chemical, 2010, 146(1): 129-137.

[91] ELIAS J, MICHLER J, PHILIPPE L, et al. ZnO nanowires, nanotubes, and complex hierarchical structures obtained by electrochemical deposition[J]. Journal of Electronic Materials , 2011, 40(5):728-732.

[92] YANG L Y, ZHOU Y, LU J, et al. Controllable preparation of 2D and 3D ZnO micro-nanostructures and their photoelectric conversion efficiency[J]. Journal of Materials Science: Materials in Electronics, 2016, 27(2): 1693-1699.

[93] SUN Y J, WEI Z H, ZHANG W D, et al. Synthesis of brush-like ZnO nanowires and their enhanced gas-sensing properties[J]. Journal of Materials Science, 2016, 51(3):1428-1436.

[94] ALENEZI M R, HENLEY S J, EMERSON N G, et al. From 1D and 2D ZnO nanostructures to 3D hierarchical structures with enhanced gas sensing properties[J]. Nanoscale, 2014, 6(1):235-247.

[95] GUO W W. Hollow and porous $ZnSnO_3$ gas sensor for ethanol gas detection[J]. Journal of The Electrochemical Society,2016,163 (5):B131-B139.

[96] QIN H C, LI W Y, XIA Y J, et al. Photocatalytic activity of heterostructures based on ZnO and N-doped ZnO[J]. ACS Applied Materials & Interfaces, 2011, 3(8): 3152–3156.

[97] SHI Y H, WANG M Q, HONG C, et al. Multi-junction joints network self-assembled with converging ZnO nanowires as multi-barrier gas sensor[J]. Sensors and

Actuators B: Chemical, 2013, 177: 1027-1034.

[98] HAN N, WU X F, CHAI L Y, et al. Counterintuitive sensing mechanism of ZnO nanoparticle based gas sensors[J]. Sensors and Actuators B: Chemical, 2010, 150(1): 230-238.

[99] BAI S L, GUO T, ZHAO Y B, et al. Sensing performance and mechanism of Fe-doped ZnO microflowers[J]. Sensors and Actuators B: Chemical, 2014, 195(1): 657-666.

[100] ANAND K, SINGH O, SINGH M P, et al. Hydrogen sensor based on graphene/ZnO nanocomposite [J]. Sensors and Actuators B: Chemical, 2014, 195: 409-415.

[101] GUO W W, LIU T M, WANG J X, et al. Hierarchical ZnO porous microspheres and their gas-sensing properties [J]. Ceramics International, 2013, 39 (5): 5919-5924.

[102] VIETMEYER F, SEGER B, KAMAT P V. Anchoring ZnO particles on functionalized single wall carbon nanotubes. Excited state interactions and charge collection[J]. Advanced Materials, 2007, 19(19): 2935-2940.

[103] MO M S, LIM S H, MAI Y W, et al. In situ self-assembly of thin ZnO nanoplatelets into hierarchical mesocrystal microtubules with surface grafting of nanorods: a general strategy towards hollow mesocrystal structures[J]. Advanced Materials, 2008, 20(2): 339-342.

[104] WANG Z Y, SUN P, YANG T L, et al. Flower-like WO_3 architectures synthesized via a microwave-assisted method and their gas sensing properties [J]. Sensors and Actuators B: Chemical, 2013, 186: 734-740.

[105] WANG C, SUN R Z, LI X, et al. Hierarchical flower-like WO_3 nanostructures and their gas sensing properties[J]. Sensors and Actuators B: Chemical, 2014, 204: 224-230.

[106] WU Y, XI Z H, ZHANG G M, et al. Fabrication of hierarchical zinc oxide nanostructures through multistage gas-phase reaction[J]. Crystal Growth & Design, 2008, 8(8): 2646-2651.

[107] WU Q Z, CHEN X, ZHANG P, et al. Amino acid-assisted synthesis of ZnO hier-

archical architectures and their novel photocatalytic activities[J]. Crystal Growth & Design, 2008, 8(8): 3010-3018.

[108] KILIC B, GÜNES T, BESIRLI I, et al. Construction of 3-dimensional ZnO-nanoflower structures for high quantum and photocurrent efficiency in dye sensitized solar cell[J]. Applied Surface Science, 2014, 318: 32-36.

[109] SANTRA P K, KAMAT P V. Tandem-layered quantum dot solar cells: tuning the photovoltaic response with luminescent ternary cadmium chalcogenides [J]. Journal of the American Chemical Society, 2013, 135(2): 877-885.

[110] CHEN X S, LIU J Y, JING X Y, et al. Self-assembly of ZnO nanosheets into flower-like architectures and their gas sensing properties[J]. Materials Letters, 2013, 112: 23-25.

[111] LI J, FAN H Q, JIA X H. Multilayered ZnO nanosheets with 3D porous architectures: synthesis and gas sensing application[J]. Journal of Physical Chemistry C, 2010, 114(35): 14684-14691.

[112] ZHANG Y, LIU T M, HAO J H, et al. Enhancement of NH_3 sensing performance in flower-like ZnO nanostructures and their growth mechanism [J]. Applied Surface Science, 2015, 357: 31-36.

[113] TIEMANN M. Porous metal oxides as gas sensors[J]. Chemistry-A European Journal, 2007, 13(30): 8376-8388.

[114] SUN P, MEI X D, CAI Y X, et al. Synthesis and gas sensing properties of hierarchical SnO_2 nanostructures[J]. Sensors and Actuators B: Chemical, 2013, 187: 301-307.

[115] FAN F Y, TANG P G, WANG Y Y, et al. Facile synthesis and gas sensing properties of tubular hierarchical ZnO self-assembled by porous nanosheets [J]. Sensors and Actuators B: Chemical, 2015, 215: 231-240.

[116] CAI Y, FAN H Q, XU M, et al. Fast economical synthesis of Fe-doped ZnO hierarchical nanostructures and their high gas-sensing performance[J]. CrystEngComm, 2013, 15:(36) 7339-7345.

[117] WANG D, DU S, ZHOU X, et al. Template-free synthesis and gas sensing properties of hierarchical hollow ZnO microspheres[J]. CrystEngComm, 2013, 15

(37): 7438-7442.

[118] LI X W, ZHOU X, LIU Y, et al. Microwave hydrothermal synthesis and gas sensing application of porous ZnO core-shell microstructures[J]. RSC Advances, 2014, 4(61): 32538-32543.

[119] WANG X Z, LIU W, LIU J R, et al. Synthesis of nestlike ZnO hierarchically porous structures and analysis of their gas sensing properties[J]. ACS Applied Materials & Interfaces, 2012, 4(2): 817-825.

[120] KIM J, YONG K. Mechanism study of ZnO nanorod-bundle sensors for H_2S gas sensing[J]. Journal of Physical Chemistry C, 2011, 115(15): 7218-7224.

[121] ZHANG Y, XU J Q, XIANG Q, et al. Brush-like hierarchical ZnO nanostructures: synthesis, photoluminescence and gas sensor properties[J]. Journal of Physical Chemistry C, 2009, 113(9): 3430-3435.

[122] ZHANG L X, ZHAO J H, LU H Q, et al. High sensitive and selective formaldehyde sensors based on nanoparticle-assembled ZnO micro-octahedrons synthesized by homogeneous precipitation method[J]. Sensors and Actuators B: Chemical, 2011, 160(1): 364-370.

[123] HUANG J R, REN H B, SUN P, et al. Facile synthesis of porous ZnO nanowires consisting of ordered nanocrystallites and their enhanced gas-sensing property[J]. Sensors and Actuators B: Chemical, 2013, 188: 249-256.

[124] KIM K M, KIM H R, CHOI K I, et al. ZnO hierarchical nanostructures grown at room temperature and their C_2H_5OH sensor applications [J]. Sensors and Actuators B: Chemical, 2011, 155(2): 745-751.

[125] ZHANG H H, SONG P, HAN D, et al. Controllable synthesis of novel $ZnSn(OH)_6$ hollow polyhedral structures with superior ethanol gas-sensing performance[J]. Sensors and Actuators B: Chemical, 2015, 209(1): 384-390.

[126] CHEN M, WANG Z H, HAN D M, et al. Porous ZnO polygonal nanoflakes: synthesis, use in high-sensitivity NO_2 gas sensor, and proposed mechanism of gas sensing[J]. Journal of Physical Chemistry C, 2011, 115(26): 12763-12773.

[127] XIA Y N, YANG P D, SUN Y G, et al. One-dimensional nanostructures: synthesis, characterization, and applications[J]. Advanced Materials, 2003, 15

(5): 353-389.

[128] LIU X H, ZHANG J, WANG L W, et al. 3D hierarchically porous ZnO structures and their functionalization by Au nanoparticles for gas sensors[J]. Journal of Materials Chemistry, 2011, 21(2): 349-356.

[129] YANG P D, YAN H P, MAO S, et al. Controlled growth of ZnO nanowires and their opitical properties[J]. Advanced Functional Materials, 2002, 12(5): 323-331.

[130] MASUDA Y, KATO K. Aqueous synthesis of ZnO rod arrays for molecular sensor [J]. Crystal Growth & Design, 2009, 9(7): 3083-3088.

[131] WANG Y X, FAN X Y, SUN J. Hydrothermal synthesis of phosphate-mediated ZnO nanosheets[J]. Materials Letters, 2009, 63(3-4): 350-352.

[132] SIN J C, LAM S M, LEE K T, et al. Fabrication of erbium doped spherical-like ZnO hierarchical nanostructures with enhanced visible light-driven photocatalytic activity[J]. Materials Letters, 2013, 91: 1-4.

[133] XU C N, TAMAKI J, MIURA N, et al. Grain size effects on gas sensitivity of porous SnO_2-based elements[J]. Sensors and Actuators B: Chemical, 1991, 3 (2): 147-155.

[134] HONGSITH N, WONGRAT E, KERDCHAROEN T, et al. Sensor response formula for sensor based on ZnO nanostructures[J]. Sensors and Actuators B: Chemical, 2010, 144(1): 67-72.

[135] ZENG Y, ZHANG T, YUAN M X, et al. Growth and selective acetone detection based on ZnO nanorod arrays[J]. Sensors and Actuators B:Chemical,2009, 143 (1): 93-98.

[136] ZHAO M, WU D P, CHANG J L, et al. Synthesis of cup-like ZnO microcrystals via a CTAB-assisted hydrothermal route[J]. Materials Chemistry and Physics, 2009, 117(2-3): 422-424.

[137] WANG Z L, SONG J H. Piezoelectric nanogenerators based on zinc oxide nanowire arrays [J]. Science, 2006, 312(5771): 242-246.

[138] XU L P, HU Y L, PELLIGRA C, et al. ZnO with different morphologies synthesized by solvothermal methods for enhanced photocatalytic Activity [J].

Chemistry Materials, 2009, 21(13): 2875-2885.

[139] CHEE W K, LIM H N, HARRISON I, et al. Performance of flexible and binderless polypyrrole/graphene oxide/zinc oxide supercapacitor electrode in a symmetrical two-electrode configuration [J]. Electrochimica Acta, 2015, 157: 88-94.

[140] RAMADOSS A, SARAVANAKUMAR B, LEE S W, et al. Piezoelectric-driven self-charging supercapacitor power cell [J]. ACS Nano, 2015, 9(4): 4337-4345.

[141] LARE Y, GODOY A, CATTIN L, et al. ZnO thin films fabricated by chemical bath deposition, used as buffer layer in organic solar cells [J]. Applied Surface Science, 2009, 255(13-14): 6615-6619.

[142] ZHAO Y Y, FU Y M, WANG P L, et al. Highly stable piezo-immunoglobulin-biosensing of a SiO_2/ZnO nanogenerator as a self-powered/active biosensor arising from the field effect influenced piezoelectric screening effect [J]. Nanoscale, 2015, 7(5): 1904-1911.

[143] HJIRI M, DHAHRI R, MIR L El, et al. Excellent CO gas sensor based on Ga-doped ZnO nanoparticles [J]. Journal of Materials Science: Materials in Electronics, 2015, 26(8): 6020-6024.

[144] LI X D, CHANG Y Q, LONG Y. Influence of Sn doping on ZnO sensing properties for ethanol and acetone [J]. Materials Science and Engineering: C, 2012, 31(4): 817-821.

[145] LIU Y X, HANG T, XIE Y Z, et al. Effect of Mg doping on the hydrogen-sensing characteristics of ZnO thin films [J]. Sensors and Actuators B: Chemical, 2011, 160(1): 266-270.

[146] AL-HARDAN N H, ABDULLAH M J, AZIZ A A. Performance of Cr-doped ZnO for acetone sensing [J]. Applied Surface Science, 2013, 270, 480-485.

[147] HUANG S P, WANG T, XIAO Q. Effect of Fe doping on the structural and gas sensing properties of ZnO porous microspheres [J]. Journal of Physics and Chemistry of Solids, 2015, 76: 51-58.

[148] SAHAY P P, NATH R K. Al-doped ZnO thin films as methanol sensors [J]. Sensors and Actuators B: Chemical, 2008,134(2): 654-659.

[149] HONG C S, PARK H H, MOON J, et al. Effect of metal (Al, Ga, and In)-dopants and/or Ag-nanoparticles on the optical and electrical properties of ZnO thin films [J]. Thin Solid Films, 2006, 515(3): 957-960.

[150] HAN N, TIAN Y J, WU X F, et al. Improving humidity selectivity in formaldehyde gas sensing by a two-sensor array made of Ga-doped ZnO [J]. Sensors and Actuators B: Chemical, 2009, 138(1): 228-235.

[151] SUN Y J, ZHAO Z W, DONG F, et al. Mechanism of visible light photocatalytic NO_x oxidation with plasmonic Bi cocatalyst-enhanced $(BiO)_2CO_3$ hierarchical microspheres [J]. Physical Chemistry Chemical Physics, 2015, 17(16): 10383-10390.

[152] YAMAZOE N. New approaches for improving semiconductor gas sensors [J]. Sensors and Actuators B: Chemical, 1991, 5(1-4): 7-19.

[153] MANI G K, RAYAPPAN J B B. Novel and facile synthesis of randomly interconnected ZnO nanoplatelets using spray pyrolysis and their room temperature sensing characteristics [J]. Sensors and Actuators B: Chemical, 2014, 198: 125-133.

[154] RAHMAN M M, KHAN S B, FAISAL M, et al. Highly sensitive formaldehyde chemical sensor based on hydrothermally prepared spinel $ZnFe_2O_4$ nanorods [J]. Sensors and Actuators B: Chemical, 2012, 171-172: 932-937.

[155] TALWAR V, SINGH O, SINGH R C. ZnO assisted polyaniline nanofibers and its application as ammonia gas sensor [J]. Sensors and Actuators B: Chemical, 2014, 191: 276-282.

[156] AHMAD M Z, CHANG J, AHMAD M S, et al. Non-aqueous synthesis of hexagonal ZnO nanopyramids: gas sensing properties [J]. Sensors and Actuators B: Chemical, 2013, 177: 286-294.

[157] WANG J P, WANG Z Y, HUANG B B, et al. Oxygen vacancy induced band-gap narrowing and enhanced visible light photocatalytic activity of ZnO [J]. ACS Applied Materials & Interfaces, 2012, 4(8): 4024-4030.

[158] EPIFANI M, COMINI E, DÍAZ R, et al. Solvothermal, chloroalkoxide-based synthesis of monoclinic WO_3 quantum dots and gas-sensing enhancement by surface oxygen vacancies [J]. ACS Applied Materials & Interfaces, 2014, 6

(19): 16808-16816.

[159] WANG C, CUI X B, LIU J Y, et al. The design of superior ethanol gas sensor based on Al-doped NiO nanorod-flowers [J]. ACS Sensors, 2015, 1(2): 131-136.

[160] GUO W W, WANG Z C. Composite of ZnO spheres and functionalized SnO_2 nanofibers with an enhanced ethanol gas sensing properties [J]. Materials Letters, 2016, 169: 246-249.

[161] BAI S L, SUN C Z, GUO T, et al. Low temperature electrochemical deposition of nanoporous ZnO thin films as novel NO_2 sensors [J]. Electrochimica Acta, 2013, 90: 530-534.

[162] SAMARIYA A, SINGHAL R K, KUMAR S, et al. Defect-induced reversible ferromagnetism in Fe-doped ZnO semiconductor: an electronic structure and magnetization study [J]. Materials Chemistry and Physics, 2010, 123(2-3): 678-684.

[163] TESFAMICHAEL T, PILOTO C, ARITA M, et al. Fabrication of Fe-doped WO_3 films for NO_2 sensing at lower operating temperature [J]. Sensors and Actuators B: Chemical, 2015, 221: 393-400.

[164] ZHANG H G, ZHU Q S, ZHANG Y, et al. One-pot synthesis and hierarchical assembly of hollow Cu_2O microspheres with nanocrystals-composed porous multi-shell and their gas-sensing properties[J]. Advanced Functional Materials, 2007, 17(15): 2766-2771.

[165] LIANG H P, ZHANG H M, HU J S, et al. Pt hollow nanospheres: facile synthesis and enhanced electrocatalysts[J]. Angewandte Chemie International Edition, 2004, 43(12): 1540-1543.

[166] KIM S W, KIM M, LEE W Y, et al. Fabrication of hollow palladium spheres and their successful application to the recyclable heterogeneous catalyst for suzuki coupling reactions[J]. Cheminform, 2002, 124(26): 7642-7643.

[167] ZHU Y F, IKOMA T, HANAGATA N, et al. Rattle-type Fe_3O_4@SiO_2 hollow mesoporous spheres as carriers for drug delivery [J]. Small, 2010, 6(3): 471-478.

[168] WEI W, MA G H, HU G, et al. Preparation of hierarchical hollow $CaCO_3$ parti-

cles and the application as anticancer drug carrier[J]. Journal of the American Chemical Society, 2008, 130(47): 15808-15810.

[169] GROSSO D, BOISSIÈRE C, SANCHEZ C. Ultralow-dielectric-constant optical thin films built from magnesium oxyfluoride vesicle-like hollow nanoparticles[J]. Nature Materials, 2007, 6(8): 572-575.

[170] SHINDE V R, GUJAR T P, LOKHANDE C D. Enhanced response of porous ZnO nanobeads towards LPG: effect of Pd sensitization [J]. Sensors and Actuators B: Chemical, 2007, 123(2): 701-706.

[171] XUE X Y, CHEN Z H, MA C H, et al. One-Step synthesis and gas-sensing characteristics of uniformly loaded Pt@ SnO_2 nanorods[J]. The Journal of Physical Chemistry C, 2010, 114(9): 3968-3972.

[172] PENG L, QIN P F, ZENG Q R, et al. Improvement of formaldehyde sensitivity of ZnO nanorods by modifying with $Ru(dcbpy)_2(NCS)_2$[J]. Sensors and Actuators B: Chemical, 2011, 160(1): 39-45.

[173] CARUSO F, CARUSO R A, MOHWALD H. Nanoengineering of inorganic and hybrid hollow spheres by colloidal templating[J]. Science, 1998, 282(5391): 1111-1114.

[174] LIN B,WEI W, QU X Z, et al. Janus colloids formed by biphasic grafting at a pickering emulsion interface [J]. Angewandte Chemie International Edition, 2008, 47(21): 3973-3975.

[175] GAO J H, ZHANG B, ZHANG X X, et al. Magnetic-dipolar-interaction-induced selfassembly affords wires of hollow nanocrystals of cobalt selenide[J]. Angewandte Chemie International Edition, 2006, 45(8): 1220-1223.

[176] SUN X F, QIU X Q, LI L P, et al. ZnO twin-cones: synthesis photoluminescence, and catalytic decomposition of ammonium perchlorate [J]. Inorganic Chemistry, 2008, 47(10): 4146-4152.

[177] LI W J, SHI E W, ZHONG W Z, et al. Growth mechanism and growth habit of oxide crystals[J]. Journal of Crystal Growth, 1999, 203(1-2): 186-196.

[178] HU P, ZHANG X, HAN N, et al. Solution-controlled self-assembly of ZnO nanorods into hollow microspheres[J]. Crystal Growth & Design, 2011, 11(5):

1520-1526.

[179] LEITE E R, GIRALDI T R, PONTES F M, et al. Crystal growth in colloidal tin oxide nanocrystals induced by coalescence at room temperature[J]. Applied Physics Letters, 2003, 83(8): 1566-1568.

[180] ZENG W, LIU T M, WANG Z C. Enhanced gas sensing properties by SnO_2 nanosphere functionalized TiO_2 nanobelts[J]. Journal of Materials Chemistry, 2012, 22(8): 3544-3548.

[181] KUNG C Y, YOUNG S L, CHEN H Z, et al. Influence of Y-doped induced defects on the optical and magnetic properties of ZnO nanorod arrays prepared by low-temperature hydrothermal process[J]. Nanoscale Research Letters, 2012, 7(1): 372-377.

[182] JANOTTI A, VAN C G. Fundamentals of zinc oxide as a semiconductor[J]. Reports on Progress in Physics, 2009, 72(12): 126501-126529.

[183] BATZILL M, DIEBOLD U. Surface studies of gas sensing metal oxides[J]. Physical Chemistry Chemical Physics, 2007, 9(19): 2307-2318.

[184] KUNG M C, DAVIS R J, KUNG H H. Understanding Au-catalyzed low-temperature CO oxidation[J]. The Journal of Physical Chemistry C, 2007, 111(32): 11767-11775.

[185] XIANG Q, MENG G F, ZHAO H B, et al. Au nanoparticle modified WO_3 nanorods with their enhanced properties for photocatalysis and gas sensing[J]. The Journal of Physical Chemistry C, 2010, 114(5): 2049-2055.

[186] MORRISON S R. Selectivity in semiconductor gas sensors[J]. Sensors and Actuators B: chemical, 1987, 12(4): 425-440.

[187] WAN G X, MA S Y, LI X B, et al. Synthesis and acetone sensing properties of Ce-doped ZnO nanofibers[J]. Materials Letters, 2014, 114: 103-106.

[188] MIAO Y E, HE S X, ZHONG Y L, et al. A novel hydrogen peroxide sensor based on Ag/SnO_2 composite nanotubes by electrospinning[J]. Electrochimica Acta, 2013, 99(1): 117-123.

[189] WANG K, ZHAO T Y, LIAN G, et al. Room temperature CO sensor fabricated from Pt-loaded SnO_2 porous nanosolid[J]. Sensors and Actuators B: Chemical,

2013, 184: 33-39.

[190] HEMMATI S, FIROOZ A A, KHODADADI A A, et al. Nanostructured SnO_2-ZnO sensors: highly sensitive and selective to ethanol[J]. Sensors and Actuators B: Chemical, 2011, 160(1): 1298-1303.

[191] KHOANG N D, TRUNG D D, DUY N V, et al. Design of SnO_2/ZnO hierarchical nanostructures for enhanced ethanol gas-sensing performance[J]. Sensors and Actuators B: Chemical, 2012, 174: 594-601.

[192] SONG X F, LIU L. Characterization of electrospun ZnO-SnO_2 nanofibers for ethanol sensor[J]. Sensors and Actuators A: Physical, 2009, 154(1): 175-179.

[193] LI W Q, MA S Y, LI Y F, et al. Enhanced ethanol sensing performance of hollow ZnO-SnO_2 core-shell nanofibers[J]. Sensors and Actuators B: Chemical, 2015, 211: 392-402.

[194] MONDAL B, BASUMATARI B, DAS J, et al. ZnO-SnO_2 based composite type gas sensor for selective hydrogen sensing[J]. Sensors and Actuators B: Chemical, 2014, 194: 389-396.

[195] WANG W W, ZHU Y J, YANG L X. ZnO-SnO_2 Hollow Spheres and hierarchical nanosheets: hydrothermal preparation, formation mechanism, and photocatalytic properties[J]. Advanced Functional Materials, 2007, 17(1): 59-64.

[196] ZHANG D Z, JIANG C X, ZHOU X Y. Fabrication of Pd-decorated TiO_2/MoS_2 ternary nanocomposite for enhanced benzene gas sensing performance at room temperature [J]. Talanta, 2018, 182: 324-332.

[197] HIRSCHMANN C B, SINISALO S, UOTILA J, et al. Trace gas detection of benzene, toluene, p-, m-and o-xylene with a compact measurement system using cantilever enhanced photoacoustic spectroscopy and optical parametric oscillator [J]. Vibrational Spectroscopy, 2013, 68: 170-176.

[198] KIM J W, PORTE Y, KO K Y, et al. Micro-patternable double-faced ZnO nanoflowers for flexible gas sensor [J]. ACS Applied Materials & Interfaces, 2017, 9(38): 32876-32886.

[199] LU G H, OCOLA L E, CHEN J H. Reduced graphene oxide for room-temperature gas sensors [J]. Nanotechnology, 2009, 20(44): 445502-445509.

[200] PAN J L, LIU W Q, QUAN L, et al. Cu_2O and rGO hybridizing for enhancement of low-concentration NO_2 sensing at room temperature [J]. Industrial & Engineering Chemistry Research, 2018, 57(31): 10086-10094.

[201] PEI S F, CHENG H M. The reduction of graphene oxide [J]. Carbon, 2012, 50 (9): 3210-3228.

[202] WANG Y, SHAO Y Y, MATSON D W, et al. Nitrogen-doped graphene and its application in electrochemical biosensing [J]. ACS Nano, 2010, 4: (4) 1790-1798.

[203] WANG H L, ROBINSON J T, LI X L, et al. Solvothermal reduction of chemicallyexfoliated graphene sheets [J]. Journal of the American Chemical Society, 2009, 131(29): 9910-9911.

[204] XIA Y, WANG J, XU J L, et al. Confined formation of ultrathin ZnO nanorods/reduced graphene oxide mesoporous nanocomposites for high-performance room-temperature NO_2 sensors [J]. ACS Applied Materials & Interfaces, 2016, 8 (51): 35454-35463.

[205] RICHMOND H H, MYERS G S, WRIGHT G F. The reaction between formaldehyde and ammonia [J]. Journal of the American Chemical Society, 1948, 70 (11): 3659-3664.

[206] FATMI M Q, HOFER T, RODE B. The stability of $[Zn(NH_3)_4]^{2+}$ in water: a quantum mechanical/molecular mechanical molecular dynamics study [J]. Physical Chemistry Chemical Physics, 2010, 12(33): 9713-9718.

[207] LI J, LU Y J, YE Q, et al. Carbon nanotube sensors for gas and organic vapor detection [J]. Nano Letters, 2003, 3(7): 929-933.

[208] BAI S L, GUO J, SHU X, et al. Surface functionalization of Co_3O_4 hollow spheres with ZnO nanoparticles for modulating sensing properties of formaldehyde [J]. Sensors and Actuators B: Chemical, 2017, 245: 359-368.

[209] WANG S M, CAO J, CUI W, et al. Constructing chinky zinc oxide hierarchical hexahedrons for highly sensitive formaldehyde gas detection [J]. Journal of Alloys and Compounds, 2019, 775: 402-410.

[210] SAN X G, LI M, LIU D Y, et al. A facile one- step hydrothermal synthesis of

NiO/ZnO heterojunction microflowers for the enhanced formaldehyde sensing properties [J]. Journal of Alloys and Compounds, 2018, 739: 260-269.

[211] LI X, WANG J, XIE D, et al. Reduced graphene oxide/hierarchical flower-like zinc oxide hybrid films for room temperature formaldehyde detection [J]. Sensors and Actuators B: Chemical, 2015, 221: 1290-1298.

[212] HAN M M, LIU W C, QU Y, et al. Graphene oxide-SnO_2 nanocomposite: synthesis characterization, and enhanced gas sensing properties [J]. Journal of Materials Science: Materials in Electronics, 2017, 28(2): 16973-16980.

[213] ZHAO Z W, SUN Y J, DONG F. Graphitic carbon nitride based nanocomposites: a review [J]. Nanoscale, 2015, 7(1): 715-37.

[214] WANG J, CHEN R S, XIANG L, et al. Synthesis properties and applications of ZnO nanomaterials with oxygen vacancies: a review [J]. Ceramics International, 2018, 44(7): 7357-7377.

[215] ZHOU D M, KITTILSTVED K R. Control over Fe^{3+} speciation in colloidal ZnO nanocrystals [J]. Journal of Materials Chemistry C, 2015, 3:(17) 4352-4358.

[216] ABIDEEN Z U, KIM J H, MIRZAEI A, et al. Sensing behavior to ppm-level gases and synergistic sensing mechanism in metal functionalized rGO-loaded ZnO nanofibers [J]. Sensors and Actuators B: Chemical, 2018, 255: 1884-1896.

[217] LIU S, YU B, ZHANG H, et al. Enhancing NO_2 gas sensing performances at room temperature based on reduced graphene oxide-ZnO nanoparticles hybrids [J]. Sensors and Actuators B: Chemical, 2014, 202(4): 272-278.